职业院校工业机器人技术应用专业教材
职业院校"1+X证书"系列教材

U0181272

工业机器人
集成应用

——基础版实训

⚙ 主编　俞艳　何迪强

高等教育出版社·北京

内容提要

　　本书是职业院校工业机器人技术应用专业教材，依据《中等职业学校专业目录》对相关专业的要求，并参照新近颁布的"1+X证书"——"工业机器人集成应用职业技能等级证书"编写而成。

　　本书主要内容包括认识工业机器人工作站系统、构建虚拟工业机器人工作站、实施工业机器人基本操作、设置工业机器人基础通信、涂胶轨迹、码垛物料、检测异形芯片、安装PCB。

　　本书配套辅教辅学资源，请登录高等教育出版社Abook网站http://abook.hep.com.cn/sve获取相关资源。详细使用方法见本书"郑重声明"页。另外，部分学习资源在书中以二维码形式呈现，可以随时随地获取学习内容，享受立体化阅读体验。

　　本书适合作为职业院校工业机器人技术应用专业的教学用书，也可作为"1+X证书"——"工业机器人集成应用职业技能等级证书"的培训教材。

图书在版编目（ＣＩＰ）数据

　　工业机器人集成应用：基础版实训 / 俞艳，何迪强主编. -- 北京：高等教育出版社，2021.3
　　ISBN 978-7-04-055125-9

　　Ⅰ.①工… Ⅱ.①俞… ②何… Ⅲ.①工业机器人-系统集成技术-中等专业学校-教材 Ⅳ.①TP242.2

　　中国版本图书馆CIP数据核字(2020)第192624号

工业机器人集成应用——基础版实训
GONGYE JIQIREN JICHENG YINGYONG——JICHUBAN SHIXUN

策划编辑	李　刚	责任编辑　李　刚	封面设计　张雨微	版式设计　张雨微
插图绘制	于　博	责任校对　马鑫蕊	责任印制　刁　毅	

出版发行	高等教育出版社	咨询电话	400-810-0598
社　　址	北京市西城区德外大街4号	网　　址	http://www.hep.edu.cn
邮政编码	100120		http://www.hep.com.cn
印　　刷	山东临沂新华印刷物流集团有限责任公司	网上订购	http://www.hepmall.com.cn
			http://www.hepmall.com
开　　本	787mm×1092mm 1/16		http://www.hepmall.cn
印　　张	18.25	版　　次	2021年3月第1版
字　　数	260千字	印　　次	2021年3月第1次印刷
购书热线	010-58581118	定　　价	49.00元

前　言

本书是职业院校工业机器人技术应用专业教材，依据《中等职业学校专业目录》对相关专业的要求，并参照新近颁布的"1+X 证书"——"工业机器人集成应用职业技能等级证书"编写而成。

本书以培养高素质劳动者和初、中级应用型人才为目标，坚持"以满足学生多元发展需要为宗旨，以行业企业需求为依据，以职业实践为主线，以核心能力培养为本位"的教学指导思想，以"学为主体、理实一体、做学合一"为编写理念，使教材内容贴近职业教育教学实际，与职业院校工业机器人相关专业人才培养目标相符，与工业机器人行业企业的技术发展接轨，与职业院校学生的认知水平相恰，努力体现"理实一体、对接标准、体例新颖、注重基础、选用灵活"的特色。

1. 理实一体

本书以工业机器人相关岗位的工作任务为主线，以培养学生工业机器人的机电安装与调试、虚拟仿真、操作编程、运行维护等基本技能为重点，将实际工作任务转化为教学任务，形成适合职业教育的教材体系。全书分认识工业机器人工作站系统、构建虚拟工业机器人工作站、实施工业机器人基本操作、设置工业机器人基础通信、涂胶轨迹、码垛物料、检测异形芯片、安装 PCB 8 个项目。本着"必需、够用、实用"的原则，充分考虑学生的认知水平、学习兴趣以及已有的知识、技能、经验，精简理论，强化知识与技能的应用性和可操作性，加强对工业机器人技术基本理论与技术革新的讲解，突出与职业岗位的联系，引导教与学向生产技术与生产岗位的实际方向靠拢，将工业机器人基础知识的学习、基本技能的训练与生产实际的应用相结合，坚持做学合一，通过理实一体教学实践，让学生学有所乐、学有所用、学有所得。

2. 对接标准

本书深入融合"1+X 证书"——"工业机器人集成应用职业技能等级证书"的初、中级标准，基于工业机器人相关职业岗位工作任务分析，重视工业机器人相关岗位职业能力培养和职业素养养成，结合中职工业机器人教学实际，将工业机器人岗位工作任务进行教学化处理，将具体的岗位情境转化为教学情境，突出与工业机器人职业岗位的联系，体现产教融合，反映新知识、新技术、新工艺、新方法，引导教与学向生产技术与生产岗位的实际应用方向靠拢，将工学结合落实到课堂教学。

3. 体例新颖

本书针对职业院校工业机器人相关专业学生的特点，关注学生的实际学习需求，以项目引领、任务驱动模式编排。每个项目以"项目目标"明确学习目标，以"项目导入"激发学习兴趣，以"项目实施"实施工作任务，以"项目总结"梳理学习要点，以"思考与实践"巩固学习效果。为方便教与学，每个项目细化为若干任务，每个任务按"任务目标—任务描述—任务准备—任务实施—任务评价"结构编写，更加体现学习过程的连贯性、针对性和选择性。语言表达更贴近职业院校学生，行文力求文句简练、通俗易懂，便于学生理解学习内容。同时，版式设计力求图文并茂、生动活泼，以大量照片、示意图、表格形象直观地呈现内容，用思维导图梳理项目要点。本书深入挖掘思政元素，落实课程思政，在"职业延伸"栏目，有机融入与课程内容相关的工匠精神、安全教育、技术前沿等内容，体现爱国主义教育和职业素养教育，弘扬专业精神和职业精神。

4. 注重基础

本书作为工业机器人技术应用专业的专业核心课教材，注重"四基"，即基本知识、基本技能、基本能力和基本素养，使学生具备分析和解决生产实际问题的能力，具备学习后续相关专业课程的能力；对学生进行职业意识培养和专业精神养成教育，提高学生的专业能力与综合素质，为学生对口升学以及就业所需要的专业能力、职业素养、综合素质打下良好基础；增强学生适应职业变化的能力，促进学生职业生涯的发展，并使学生能适应职业的发展变化。

5. 选用灵活

本书从工业机器人相关专业岗位群对人才的需求出发，努力适应现代工业机器人技术的发展，既考虑保证统一的培养规格，又综合考虑学生生源、实训设备、师资条件等因素，考虑不同地区、不同学校之间的差异。本书采用"实训评价表"（见附录1）进行教学评价，采用过程性评价模式，综合自评、他评、师评作为评价结果，并增加"实训收获""实训体会"栏目，引导学生反思实训过程。对于系统开发项目，本书采用"过程记录表"记录学生实训过程和效果。本书为采用工作页教学的院校提供"学生工作页"样例（见附录2、附录3）作为实训教学参考，另外，本书配套实训教材完全采用工作页模式，可以搭配使用。本书加"*"的内容为选学内容，各院校可根据教学实际灵活选用。

本书建议教学总学时为 108 学时，各部分内容学时分配建议见下表。

序号	教学项目	建议学时
1	项目 1　认识工业机器人工作站系统	6
2	项目 2　构建虚拟工业机器人工作站	6
3	项目 3　实施工业机器人基本操作	12
4	项目 4　设置工业机器人基础通信	8
5	项目 5　涂胶轨迹	24
6	项目 6　码垛物料	18
7	*项目 7　检测异形芯片	12
8	*项目 8　安装 PCB	16
9	机动	6
合计		108

本书配套辅教辅学资源，请登录高等教育出版社 Abook 网站 http://abook.hep.com.cn/sve 获取相关资源。详细使用方法见本书"郑重声明"页。另外，部分学习资源在书中以二维码形式呈现，可以随时随地获取学习内容，享受立体化阅读体验。

本书由杭州市萧山区第一中等职业学校俞艳、何迪强担任主编，杭州市第一技师学院何木，杭州市萧山区第一中等职业学校陈胜胜，杭州志杭科技有限公司汤飞、徐忠、赵正平参与了本书的编写工作。在本书的编写过程中，得到了杭州市萧山区第一中等职业学校、杭州市第一技师学院、杭州志杭科技有限公司领导、教师以及技术人员的大力支持，在此表示真挚感谢！

由于编者水平有限，书中难免存在不足和疏漏，恳请使用本书的师生和读者批评指正，以期不断提高。读者意见反馈邮箱：zz_dzyj@pub.hep.cn。

编　　者

2020 年 6 月

目　录

项目1
认识工业机器人
工作站系统

◇ **项目目标**

- 知道工业机器人的概念、发展历程、特点、优势、分类与应用。
- 知道工业机器人的基本组成与规格参数。
- 认识工业机器人工作站的基本单元。
- 知道工业机器人工作站的典型应用。

▽ **项目导入**

　　"机器人"一词时常出现在科幻电影当中，曾带有浓厚的神秘色彩。随着芯片技术突飞猛进的发展以及控制算法的日益成熟，在日常生活中我们已经经常可以看到机器人的身影，图1.1所示为工业机器人在生产流水线中从事焊接工作。工业机器人是一种综合了人和机器特长的机电一体化设备，具有可长时间持续工作、精确度高和适应性强等特点，同时还像人一样具有一定的分析判断和快速反应能力。因此，工业机器人已然成为先进制造技术领域不可或缺的高端自动化设备。

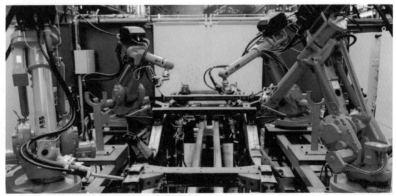

图1.1 工业机器人在生产流水线中从事焊接工作

　　作为现代工业自动化三大支柱之一的工业机器人，到底有什么神奇之处？让我们一起来做一做，学一学！

项目实施

任务 1   认识工业机器人

任务目标

- 知道工业机器人的概念与发展历程。
- 知道工业机器人的特点、优势、分类与应用。
- 知道工业机器人的基本组成与规格参数。
- 熟悉工业机器人的安全注意事项。

任务描述

通过本任务的学习，认识IRB 120工业机器人的基本组成，识读IRB 120工业机器人的规格参数，并熟悉工业机器人的安全注意事项。

任务准备

揭开工业机器人
的神秘面纱

1. 工业机器人的概念

工业机器人的概念最早在20世纪50年代被提出，其要点是工业机器人借助伺服技术对关节进行控制，在利用人手对工业机器人进行动作示教后，工业机器人能实现动作的记录和再现。这就是所谓的示教再现机器人。

工业机器人是面向工业领域的多关节机械手或多自由度的机器装置，能自动执行动作，靠自身动力和控制能力来实现各种功能。它可以在人类指挥下工作，也可以按照预先编写的程序运行。除此之外，现代的工业机器人还可以根据人工智能技术制定的原则纲领自主运行。图1.2所示为常见的工业机器人。

图1.2 常见的工业机器人

我国有关标准将工业机器人定义为：自动控制的、可重复编程、多用途的操作机，可对三个或三个以上的关节轴进行编程。它可以是固定式或移动式，在工业自动化中使用。

综上所述，工业机器人是综合了计算机技术、自动控制技术、自动监测技术及精密机械装置等高新科技的产物，是技术密集程度及自动化程度很高的典型机电一体化设备。

2. 工业机器人的发展历程

1954年，工业机器人最早的概念被提出，第一台工业机器人样机Universal Automation被设计并研制出来。

1959年，第一台可以实际工作的工业机器人Unimate被研制出来，如图1.3所示。

图1.3 工业机器人Unimate

1961年，Unimation公司生产的工业机器人在通用汽车公司（GM）投入使用，专门用于生产车门、车窗摇柄、换挡旋钮和灯具固定架等。

1967年，工业机器人开始在欧洲安装运行。

1969年，通用汽车公司（GM）安装了首台点焊工业机器人，将生产效率提升数倍。川崎重工公司通过引进Unimation公司的工业机器人技术，成功研发了工业机器人Kawasaki-Unimate 2000。

1973年，KUKA公司采用工业机器人Unimate，成功研发了第一台机电驱动的六轴工业机器人Famulus，如图1.4所示。

1978年，Unimation公司推出通用工业机器人PUMA，并应用于通用汽车装配线，这标志着工业机器人技术已经完全成熟。

图 1.4 第一台机电驱动的六轴工业机器人 Famulus

图 1.5 多用途工业机器人 IRB 120

图 1.6 第一台七轴灵敏型工业机器人 IIWA

图 1.7 双臂七轴工业机器人 YuMi

　　1985年，上海交通大学机器人研究所完成了"上海一号"弧焊机器人的研制，这是我国自主开发的第一台六轴工业机器人。

　　1987年，国际机器人联合会IFR成立。IFR以推动机器人领域的研究、开发、应用和国际合作为目标，已经成为机器人技术相关领域的重要国际组织。

　　1995年，我国第一台高性能精密装配智能型机器人"精密一号"在上海交通大学诞生，它的诞生标志着我国已具有开发第二代工业机器人的技术水平。

　　2009年，ABB公司推出了多用途工业机器人IRB 120，如图1.5所示。它是当时ABB公司生产的体积最小、速度最快和应用最广的工业机器人。

　　2014年，KUKA公司推出了第一台七轴灵敏型工业机器人IIWA，如图1.6所示。它是第一款量产且具有人机协作能力的工业机器人。

　　2015年，ABB公司推出了双臂七轴工业机器人YuMi，如图1.7所示。它能与人类并肩工作，结合引导式编程功能，致力于帮助客户将生产效率和可靠性提升到新的高度，同时也开启了人与工业机器人共事的新合作方式。

职业延伸

我国工业机器人技术的起步相对较晚，在经历了20世纪70年代的萌芽期，80年代的开发期和90年代的实用期以后，进入了21世纪的发展期。如今，在科研工作者的不断努力下，我国工业机器人技术有了长足的进步，近年来进入工业机器人蓬勃发展期，某些方面也已经达到了世界先进水平。同时，以上海新时达、沈阳新松、南京埃斯顿和安徽埃夫特等为代表的优秀企业大量涌现，不断为我国工业机器人产业添薪加火。但是，要看到我国工业机器人技术的发展仍然任重而道远。

目前，我国提出，要实现机器人关键零部件和高端产品的重大突破，实现机器人质量可靠性、市场占有率和龙头企业竞争力的大幅提升，并有效地培养工业机器人人才。在国家政策的有力扶持下，我国机器人产业的发展必将迎来一次新的浪潮。

3. 工业机器人的特点

工业机器人是集多学科先进技术为一体的自动化装备，再加上与人工智能技术、先进制造技术和移动互联网技术的融合发展，必将推动人类社会生产生活方式进行新的变革。

（1）可编程

生产自动化的进一步发展是柔性自动化。工业机器人可随其工作环境变化的需要而再编程，因此，在小批量、多品种、具有均衡高效率的柔性制造过程中能发挥很好的作用，是柔性制造系统的重要组成部分。

（2）拟人化

工业机器人有类似于人的腰、大臂、小臂、手腕和手指等运动器官的机械结构，有类似于人脑的计算机等控制机构。此外，智能化工业机器人还有许多类似人类感觉器官的"生物传感器"，如皮肤型接触传感器、力传感器、负载传感器、视觉传感器、声觉传感器、语言功能机构等，能极大地提高工业机器人对周围环境的适应能力和交流能力。

（3）通用性

除了为特定作业任务而设计的专用工业机器人外，普通的工业机器人在执行不同的作业任务时具有较好的通用性。如更换工业机器人末端操作器（涂胶工具、夹爪工具和吸盘工具等），便可执行不同的作业任务。

4. 工业机器人的优势

工业机器人的普及让很多企业解放了大量的人力资源，作为工业科技进化的标志性产物，工业机器人在企业生产中有着举足轻重的地位。

（1）节省成本

工业机器人可实现长时间持续工作，且只需一人便可看管多台生产设备，能有效地节约人力资源成本。此外，智能工厂采用工业机器人参与自动流水线的生产，可以节省更多的空间，使工厂规划更加紧凑，从而节约土地资源。

（2）促进管理

在传统企业生产过程中，很难保证日常人工生产的稳定性。采用工业机器人生产，可以使企业管理变得简单而高效。

（3）效率稳定

只要电能充足，工业机器人生产产品的时间就是固定的，企业可以根据生产需要随时调整工业生产计划，不断提高产品的质量与产量，从而提升工业生产规模。

（4）安全性高

在重复性很强的工业生产车间，工人很难完全避免安全事故。工业机器人的应用能最大限度地保证工人的工作安全。

5. 工业机器人的分类

根据工业机器人的结构，可将工业机器人分为直角坐标型工业机器人、圆柱坐标型工业机器人、并联型工业机器人和串联型工业机器人等。

（1）直角坐标型工业机器人

直角坐标型工业机器人如图1.8所示，一般有2~3个自由度，每个自由度之间的空间夹角均为直角，可实现自动控制和重复编程。其工作方式主要是通过沿着X轴、Y轴和Z轴的直线运动来进行的。

（2）圆柱坐标型工业机器人

圆柱坐标型工业机器人如图1.9所示，它有3个旋转关节，其轴线相互平行，在平面内通过旋转关节轴

图1.8 直角坐标型工业机器人

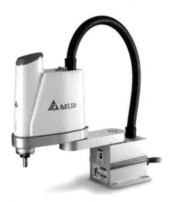

图1.9 圆柱坐标型工业机器人

图1.10 并联型工业机器人

图1.11 串联型工业机器人

进行定位和定向。

（3）并联型工业机器人

并联型工业机器人如图1.10所示，属于高速、轻载的工业机器人，一般通过示教编程或视觉系统捕捉目标物体，由3个并联的伺服轴确定夹具中心的空间位置，实现目标物体的运输、加工和操作。

（4）串联型工业机器人

串联型工业机器人拥有4个或4个以上的关节轴，其中以6个关节轴的结构最为常见，如图1.11所示。它具有可自由编程、错误率可控、生产效率高等优点，能替代人工完成几乎任何轨迹或角度的复杂工作。

6. 工业机器人的应用领域

工业机器人在工业生产中能代替人工完成单调、工作时间长、危险及环境恶劣的作业任务，如冲压、铸造、热处理、焊接、涂装、塑料制品成形以及核工业等，能极大地保证生产过程的安全与高效。

（1）汽车制造业

汽车制造业是工业机器人应用时间最早、应用数量最多、应用能力最强的行业。全球有超过50%的工业机器人应用在汽车制造业中，典型的工艺环节有冲压、焊接、切割、涂胶等，其中焊接工业机器人的使用量最大，图1.12所示为工业机器人进行汽车框架的焊接。

图1.12 工业机器人进行汽车框架的焊接

（2）食品行业

在食品行业中，工业机器人通常应用于装卸货物、食品切割、码垛、拆垛和质量控制等，不仅能够避免工作人员接触食品而导致的卫生问题，还可以很大程度地减轻人工负担，也可避免很多柔软易碎的食品在搬运过程中遭到人为损坏。图1.13所示为工业机器人进行食品的搬运。

图1.13 工业机器人进行食品的搬运

（3）电子电气行业

工业机器人在电子电气行业中的应用也很普遍，常用于IC芯片及元器件贴装、电子零件生产、组装测试等各个生产环节。如在手机生产领域，工业机器人搭配视觉系统，能够完成触摸屏检测、擦洗和贴膜等一系列操作流程。

（4）铸造行业

工业机器人具有耐高温、适应能力强等特点，在铸造和锻造行业中，可以将工业机器人直接安装在铸造机械旁配合生产。在后续的去毛刺、打磨及钻孔等加工过程及质量监控过程中，均可采用工业机器人。

职业延伸

制造业是国民经济的重要主体，是兴国之器、强国之基。没有强大的制造业，就没有国家和民族的强盛。打造具有国际竞争力的制造业，是我国提升综合国力、保障国家安全、建设世界强国的必由之路。

近年来，我国制造业持续快速发展，建成了门类齐全、独立完整的产业体系，有力地推动了工业化和现代化进程，显著增强了综合国力，支撑了世界大国地位。但是，还需要进一步提高自主创新能力、资源利用效率、产业结构水平、信息化程度等，转型升级和跨越发展的任务紧迫而艰巨。

《中国制造2025》是我国实施制造强国战略第一个十年的行动纲领，明确了9项战略任务和重点领域，其中"高档数控机床和机器人"是重点领域之一。随着人工智能技术日益成熟，机器人产业有望成为新工业的切入点和重要增长点。

未来机器人产业的发展重点主要为两个方向：一是开发工业机器人本体和关键零部件系列化产品，推动工业机器人产业化及应用，满足我国制造业转型升级迫切需求；二是突破智能机器人关键技术，开发生产智能机器人，积极应对新一轮科技革命和产业变革的挑战。

任务实施

1. 认识工业机器人的基本组成

本书以ABB公司生产的六轴工业机器人IRB 120为例，它主要由本体、控制柜、示教器和连接线缆等组成，如图1.14所示。

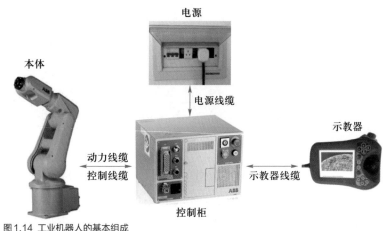

图1.14 工业机器人的基本组成

工业机器人的电气连接标识有：

（1）动力线缆

动力线缆两端的标识分别为XS1和R1.MP。其中，XS1端连接到控制柜XP1插口，R1.MP端连接到本体R1.MP插口。

（2）控制线缆

控制线缆两端的标识分别为XS2和R1.SMB。其中，XS2端连接到控制柜XP2插口，R1.SMB端连接到本体R1.SMB插口。

（3）示教器线缆

示教器线缆一端连接到示教器，另一端连接到控制柜XS4插口。

（4）电源线缆

电源线缆一端连接到电源插口，另一端连接到控制柜XP0插口。

2. 识读工业机器人的规格参数

IRB 120工业机器人结构设计紧凑，易于集成，可以布置在工业机器人工作站内部、机械设备上方或生产线上其他工业机器人的周边，主要应用于物流搬运、装配等工作，其工作范围如图1.15所示，工作半径可达580mm，底座下方拾取距离为112mm。

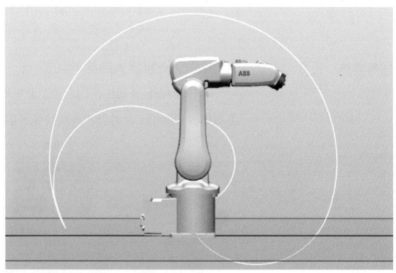

图1.15 IRB 120工业机器人工作范围

IRB 120工业机器人本体的运动通过旋转一个或多个关节轴来实现，如图1.16所示。

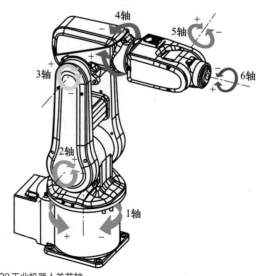

图1.16 IRB 120工业机器人关节轴

IRB 120工业机器人的规格参数见表1.1。

表1.1 IRB 120工业机器人的规格参数

基本规格参数			
轴数	6	防护等级	IP30
有效载荷	3kg	安装方式	地面安装/墙壁安装/悬挂
到达最大距离	0.58m	质量	25kg
运动范围及速度			
关节轴序号	运动范围		最大速度
1	$-165° \sim +165°$		$250°$ /s
2	$-110° \sim +110°$		$250°$ /s
3	$-90° \sim +70°$		$250°$ /s
4	$-160° \sim +160°$		$360°$ /s
5	$-120° \sim +120°$		$360°$ /s
6	$-400° \sim +400°$		$420°$ /s

注意：工业机器人运动范围的半径为580mm，在工业机器人工作时，所有人员应在此范围以外，以免发生危险！

3. 熟悉工业机器人的安全注意事项

（1）关闭总电源

在进行工业机器人的安装、维修和保养时，切记要将总电源关闭。带电作业可能会产生致命性后果，如果不慎遭高压电击，可能会导致心跳停止、烧伤或其他严重伤害。

（2）与工业机器人保持足够的安全距离

在调试与运行工业机器人时，它可能会进行一些意外或不规范的运动，并且所有的运动都会产生很大的力量，从而严重伤害或损坏工作范围内的任何个人或设备。所以，应时刻与工业机器人保持足够的安全距离。

（3）做好静电放电防护

静电放电是电位不同的两个物体间的静电传导，可以是直接接触传导，也可以通过感应电场传导。搬运设备或设备容器时，未接地的人员可能会传导大量的静电荷。这一放电过程可能损坏敏感的电子元件。所以，在有静电放电危险标识的情况下，要做好静电放电防护。

（4）紧急停止

紧急停止优先于任何其他的控制操作，它会断开工业机器人电动机的驱动电源，停止所有运转部件，并切断由工业机器人系统控制且具有潜在危险的功能部件的电源。出现下列情况时，应立即按下紧急停止按钮：

① 工业机器人运行中，工作区域内有人员或设备。

② 工业机器人伤害到人员或损伤到设备。

（5）灭火

发生火灾时，应确保全体人员安全撤离后再进行灭火。如果有人受伤，应尽快处理受伤人员。当电气设备（如工业机器人或控制器）起火时，灭火应使用二氧化碳灭火器，切勿使用水或泡沫灭火器。

（6）工作中的安全规范

在装配、调试、维护工业机器人时需要进入保护空间，工作人员务必遵守相关安全规范。

① 如果在保护空间内有工作人员，应手动操作工业机器人系统。

② 进入保护空间前，应准备好示教器，以便随时控制工业机器人。

③ 注意旋转或运动的工具，如切削工具。在接近工业机器人之前，确保这些工具已经停止运动。

④ 工业机器人电动机长期运转后温度会很高，应注意避免烫伤。

⑤ 注意夹具并确保夹好工件。如果夹具打开，工件会脱落并导致人身伤害或设备损坏。夹具非常有力，如果不按照正确方法操作，也会导致人身伤害。

⑥ 注意液压、气动系统以及带电部件。即使断电，这些电路上的残余电量也很危险。

（7）示教器的安全规范

示教器是一种高品质的手持式终端，配备了高灵敏度的电子设备。为避免操作不当引起的故障或损害，应在操作时遵守以下安全规范。

① 小心操作。不要摔打、抛掷或重击示教器，否则会导致示教器破损或故障。在不使用示教器时，将它挂到专用支架上，避免掉到地上。

② 示教器的使用和存储应避免踩踏或挤压电缆。

③ 切勿使用锋利的物体（如螺钉或笔尖）操作触摸屏，否则可能会使触摸屏受损。应使用手指或触摸笔（位于示教器的背面）来操作触摸屏。

④ 定期清洁触摸屏。灰尘和小颗粒可能会挡住屏幕造成故障。

⑤ 切勿使用溶剂、洗涤剂或擦洗海绵清洁示教器，应使用软布蘸取少量水或中性清洁剂清洁。

⑥ 没有连接USB设备时，务必盖上USB端口的保护盖。如果端口暴露到灰尘中，那么该端口有可能会中断或发生故障。

（8）手动模式下的安全规范

在手动模式下，工业机器人只能减速（250mm/s或更慢）操作（运动）。只要在保护空间之内工作，就应始终以此模式进行操作。

（9）自动模式下的安全规范

自动模式用于在生产中运行工业机器人程序。在自动模式操作情况下，常规模式停止（GS）机制、自动模式停止（AS）机制和上级停止（SS）机制都将处于活动状态。

职业延伸

工业机器人作为高端智能制造产业的核心设备，安全生产成为重中之重。2019年，我国颁布了《机器人安全总则》，该标准规定了与机器人相关的机械安全、电气安全、控制系统安全、信息安全、其他安全要求和使用信息，适用于机器人的设计、生产、检测、使用和维修等。
安全素养是工业机器人相关工作人员的基本职业素养之一。因此，在工业机器人集成应用实训中，一定要始终牢记相关安全规程，严格遵守安全操作规范，养成良好的安全素养。

任务评价

请将"认识工业机器人"的实训过程、实训收获及实训评价填入"实训评价表"（见附录1）。

任务 2　认识工业机器人综合应用实训室

任务目标

- 熟悉工业机器人综合应用实训室安全操作规程和使用规范。
- 认识工业机器人工作站的基本单元。
- 知道工业机器人工作站的典型应用。

任务描述

　　通过本任务的学习，认识工业机器人综合应用实训室，认识工业机器人工作站的基本单元及典型应用。

任务准备

1. 工业机器人综合应用实训室安全操作规范

　　① 凡参加实训的学生，进入实训场地前，必须穿戴好劳动保护用品，如工作服、绝缘鞋和安全帽等。

　　② 实训操作前，应对各种工具的绝缘手柄及各类仪表的可靠性进行仔细检查。

　　③ 严格遵守安全操作规范，严禁违章操作。

　　④ 正确使用各种工具、仪器和仪表。

　　⑤ 通电前，必须对设备、电路、气路等进行相应检查和测量。

　　⑥ 通电操作时，必须在指导教师监护下进行，如有异常，必须立即切断电源。

2. 工业机器人综合应用实训室使用规范

　　① 按指定工位进行操作训练，未经允许，不得离开工位。

　　② 操作前，必须检查设备、工具、仪器和仪表等，如有破损，立即报告。

　　③ 牢固树立安全第一的思想，严格遵守安全操作规范。

　　④ 文明实训，工具、器件等有序放置。

　　⑤ 未经指导教师同意，不得擅自操作电源开关。

　　⑥ 严禁在实训室大声喧哗、随意走动，进出实训场地要向指导教师报告。

　　⑦ 认真填写实训室使用记录单。

　　⑧ 实训结束后，做到工完场清，切断电源，全面清扫场地，关好门窗。

任务实施

1. 认识工业机器人综合应用实训室

工业机器人综合应用实训室如图1.17所示，配有工业机器人工作站、计算机和信息化实训教学系统，主要用于工业机器人相关课程教学、职业技能培训和相关技能竞赛训练。

图1.17 工业机器人综合应用实训室

2. 认识工业机器人工作站

工业机器人工作站如图1.18所示，是用于工业机器人集成应用实训的教学设备，教学项目包括外壳涂胶、物料码垛、芯片分拣、产品装配等工业机器人的典型应用，可以满足多层次、个性化的教学与培训需求，能有效开展相关教学与培训活动。

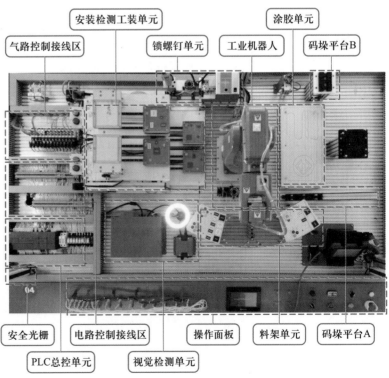

图1.18 工业机器人工作站

工业机器人工作站为模块化装配系统，其基本组成部分主要有：工业机器人、PLC总控单元、电路控制接线区、气路控制接线区、工具快换装置、安装检测工装单元、涂胶单元、码垛单元（包括2个平台）、料架单元、视觉检测单元、锁螺钉单元、操作面板和安全光栅等。

（1）PLC总控单元

PLC总控单元的核心为PLC，是专为工业生产设计的数字运算操作电子装置，由CPU模块SIMATIC S7-200 SMART SR60以及数字量输出模块EM DR16和EM DR08构成，如图1.19所示。

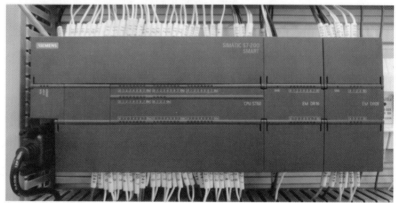

图1.19 PLC总控单元

PLC采用可编程的存储器，用于存储执行逻辑运算、顺序控制、定时、计数与算术操作等面向用户的指令，并通过数字或模拟方式进行输入/输出，控制各种类型的机械运动或生产过程。在工作站中，该单元主要与工业机器人之间进行数据交换并对安装检测工装单元进行自动控制等。

工作站操作面板左侧设置了PLC的I/O信号接线区域，如图1.20所示。可以利用快接线缆，根据I/O分配表，完成线路的连接。

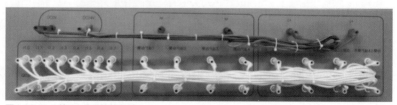

图1.20 PLC的I/O信号接线区域

（2）电路控制接线区

电路控制接线区如图1.21所示，可根据电路控制接线图，在该区域内进行传感器、检测灯和指示灯的接线练习。

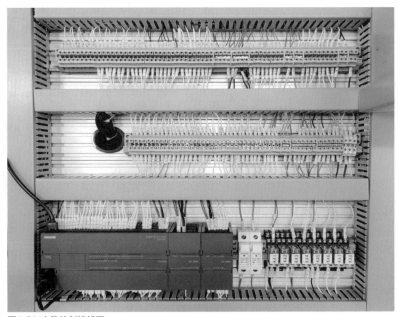

图1.21 电路控制接线区

（3）气路控制接线区

气路控制接线区如图1.22所示，可根据气路控制接线图，在该区域内进行控制电磁阀的接线练习。

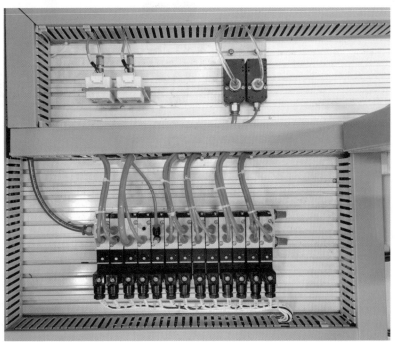

图1.22 气路控制接线区

气路控制接线区控制电磁阀功能如图1.23所示。

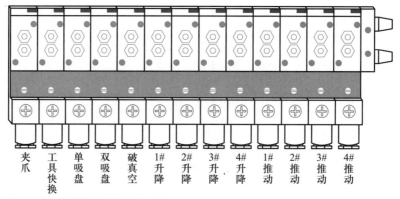

| 夹爪 | 工具快换 | 单吸盘 | 双吸盘 | 破真空 | 1#升降 | 2#升降 | 3#升降 | 4#升降 | 1#推动 | 2#推动 | 3#推动 | 4#推动 |

图1.23　气路控制接线区控制电磁阀功能

（4）工具快换装置

　　工作站包含外壳涂胶、物料码垛、芯片分拣、产品装配等工业机器人的典型应用，每个应用中的各个加工环节都需要工业机器人利用特定的工具来进行工作。因此，配套使用工具快换装置可以帮助工业机器人快速更换所需工具，并保证工具在工业机器人末端准确定位以及可靠固定，同时实现工具与工业机器人之间的气路连通和电信号对接。

　　工具快换装置由主盘和工具盘两部分组成，如图1.24所示。

主盘　　　　　　　　　　　　　　　　工具盘

图1.24　工具快换装置

图1.25　安装在工业机器人手臂末端的主盘

　　主盘通过4个螺钉安装在工业机器人手臂末端，如图1.25所示。工具盘则与工具进行连接，构成一个整体。

　　工作站配备4个快换工具，分别为涂胶工具、吸盘工具、夹爪工具和锁螺钉工具。工业机器人利用快换装置，通过特定程序，控制气路通断，实现不同工

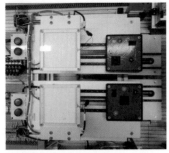

图1.26 安装检测工装单元

具在无人员干涉下的自动换装。

（5）安装检测工装单元

安装检测工装单元由4个装配工位和4个检测工位组成，异形芯片通过工业机器人组装到装配工位PCB的特定位置中，待组装完成后自动送入到检测工位，检测工位进行相关动作，并由光源进行模拟检测，最后显示检测结果。安装检测工装单元如图1.26所示。

工作站一共提供了4块电子产品PCB，在其底板用不同的产品型号进行区分，每种型号各一块。每块PCB对异形芯片种类、数量、颜色及安装位置的要求均有所区别。如图1.27所示，4块PCB的产品编号分别为A03、A04、A05和A06。

(a) A03产品

(b) A04产品

(c) A05产品

(d) A06产品

图1.27 电子产品PCB

图1.28 涂胶工具

（6）涂胶单元

涂胶是一种将胶浆均匀地涂覆到织物、纸盒或者皮革表面上的工艺。工作站中的涂胶单元是将工业机器人对产品装配前的涂胶工艺进行功能模型化，由涂胶工具和平面轨迹板等部分组成。涂胶的工艺过程为工业机器人抓持涂胶工具，模拟涂胶枪在涂胶单元的平面轨迹板上完成固定轨迹的涂绘。涂胶工具如图1.28所示，该工具采用仿形设计，内部安装可轴向移动的颜色笔。

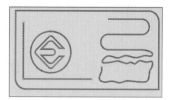

图1.29　涂胶单元的平面轨迹板

工业机器人工作站中提供了一块平面轨迹板，共有5条涂胶轨迹，如图1.29所示。

（7）码垛单元

码垛单元是将工业机器人对产品的码垛工艺进行功能模型化，由夹爪工具、物料、码垛平台A和码垛平台B等部分组成。码垛的工艺过程为工业机器人抓持夹爪工具，按照要求将已加工完成的方形物料，从原料台搬运码垛到指定位置。夹爪工具如图1.30所示，该工具采用平行二指形式，由控制电磁阀通过气压驱动气缸夹取物料。

图1.30　夹爪工具

工作站中提供了A、B两种不同类型的码垛平台。图1.31所示为码垛平台A，设计成斜台，模拟传送带队列式供货，可容纳单个物料顺序排列。图1.32所示为码垛平台B，设计成标准平台，可以模拟平台堆垛，每层可容纳三个物料进行多种垛形的码放。

图1.31　码垛平台A

（8）料架单元

料架单元是组成PCB的必备原料，如图1.33所示，其中包括异形芯片原料盘、盖板原料位、产品合格位和异形芯片废料盘等。

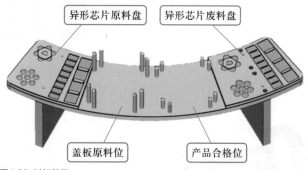

图1.33　料架单元

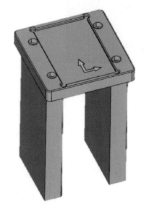

图1.32　码垛平台B

工作站提供了4种模拟异形芯片，分别为CPU、集成电路、电容和三极管，每种异形芯片再以2种不同的颜色加以区分，如图1.34所示，满足芯片分拣工作任务的多样化需求。

| (a) CPU(蓝色) | (b) 集成电路(红色) | (c) 电容(蓝色) | (d) 三极管(黄色) |

| (e) CPU(灰色) | (f) 集成电路(灰色) | (g) 电容(黄色) | (h) 三极管(红色) |

图1.34 异形芯片种类及颜色

工作站异形芯片分拣的工作任务，在电子产品PCB和料架上完成。工业机器人抓持吸盘工具在料架中吸取所需的异形芯片，安装到PCB的指定位置处。吸盘工具如图1.35所示，该工具采用双功能设计，分为单吸盘和双吸盘两部分，异形芯片的吸取由单吸盘来完成。

单吸盘

双吸盘

图1.35 吸盘工具

（9）视觉检测单元

视觉系统用于接收和处理图像，并将结果信息反馈给工业机器人，使其进行相应的操作。视觉检测单元包含图像采集和图像处理等设备，图像采集设备如图1.36所示，由CCD镜头和辅助光源等组成。图像处理设备如图1.37所示，由ormon FH系列处理器和彩色显示器等组成。

图1.36 图像采集设备

图1.37 图像处理设备

视觉检测单元可以对工业机器人所选取异形芯片的颜色、形状、位置等信息进行检测和提取，并将结果传输给工业机器人，以辅助其完成后续动作。CCD镜头配套辅助光源，可以尽量避免环境光源对检测结果的影响。CCD镜头采用倒置式安装，可以使工业机器人手持零件进行检测，减少周边配套设备，简化工业机器人运动轨迹。

（10）锁螺钉单元

工作站的产品装配包括PCB盖板安装和螺钉安装两部分。吸盘工具的双吸盘负责从料架盖板原料位吸取盖板，安装到PCB上。锁螺钉工具如图1.38所示，负责从螺钉供料机处吸取螺钉，运动到PCB的指定位置处，进行螺钉的安装与锁紧。

图1.38 锁螺钉工具

螺钉供料机如图1.39所示，螺钉首先在料箱中经过涡轮料斗进行选料排序，按照一定规则选取后的螺钉通过机械结构传送到供料点，然后利用气压对锁螺钉工具上的电动螺丝刀进行供料。

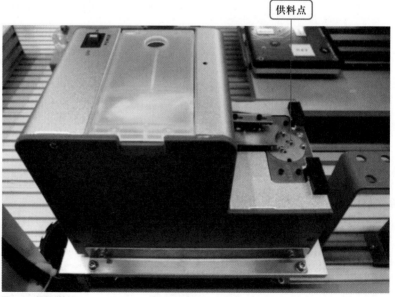

图1.39 螺钉供料机

（11）操作面板

操作面板如图1.40所示，由人机交互界面、报警指示灯及多个控制开关组成，其I/O分配表见表1.2。

图1.40 操作面板

表1.2 操作面板I/O分配表

序号	地址	功能	序号	地址	功能
1	I0.0	紧急停止	1	Q2.4	启动/停止指示灯
2	I0.1	手动/自动	2	Q2.5	自动启动指示灯
3	I0.2	启动	3	Q2.6	暂停指示灯
4	I0.3	停止	4	Q2.7	故障指示灯
5	I0.4	自动启动			
6	I0.5	暂停			
7	I0.6	重新			
8	I0.7	点对点/补偿			

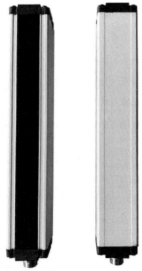

图1.41 安全光栅

（12）安全光栅

安全光栅如图1.41所示，其功能是避免人员接近工业机器人工作站，是一种光电安全保护装置，可有效避免和防止危险事故的发生。安全光栅通过发射器发出红外光线，由接收器接收，形成保护区域。当光线被物体遮挡，安全光栅接收器无法接收到光线时，就会给出信号，通过PLC使工业机器人做出相应的保护动作。

职业延伸

7S管理是很多现代企业现场管理的常用制度，是指在生产现场对人员、机器、材料、方法、信息等生产要素进行有效管理。7S一般是指整理（Seiri）、整顿（Seiton）、清扫（Seiso）、清洁（Seiketsu）、素养（Shitsuke）、安全（Safety）、节约（Saving）。

工业机器人综合应用实训室也实行7S管理。通过开展整理、整顿、清扫等基本活动，创造干净、整洁、舒适、合理的实训场所和空间环境，养成良好的职业素养。

任务评价

请将"认识工业机器人综合应用实训室"的实训过程、实训收获及实训评价填入"实训评价表"（见附录1）。

项目总结

工业机器人是面向工业领域的多关节机械手或多自由度的机器装置。在本项目中，学习了"认识工业机器人"和"认识工业机器人综合应用实训室"2个任务。

在"认识工业机器人"任务中，学习了工业机器人的概念、发展历程、特点、优势、分类、应用领域，认识了工业机器人的基本组成，识读了工业机器人的规格参数，熟悉了工业机器人的安全注意事项。

在"认识工业机器人综合应用实训室"任务中，学习了工业机器人实训室安全操作规范和实训室使用规范，认识了工业机器人综合应用实训室、工业机器人工作站的基本单元及典型应用。

认识工业机器人工作站系统思维导图如图1.42所示。

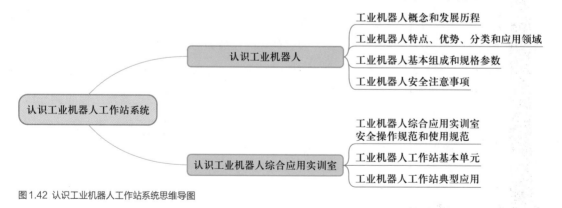

图1.42 认识工业机器人工作站系统思维导图

思考与实践

1. 我国有关标准是如何定义工业机器人的?

2. 工业机器人具有哪些特点和优势?

3. 工业机器人有哪些常见类型?

4. 工业机器人的应用领域有哪些?

5. IRB 120工业机器人共有几个关节轴? 这些关节轴的动作范围和最大速度分别是多少?

6. IRB 120工业机器人的工作半径可达多少? 底座下方拾取距离为多少?

7. 操作工业机器人时, 需要遵守哪些安全注意事项?

8. 调研本区域的工业机器人相关行业, 了解在这些行业中工业机器人的使用情况。

项目2
构建虚拟工业机器人工作站

◆ 项目目标

- 知道工业机器人的离线编程。
- 熟悉RobotStudio仿真软件的主要功能和功能选项卡。
- 会在RobotStudio仿真软件中创建虚拟工业机器人和布局虚拟工业机器人工作站。

▽ 项目导入

随着工业机器人技术的快速发展，它的应用领域也变得越来越广阔。传统示教编程的过程繁琐、效率低下、精确度差的弊端日渐显现。于是，离线编程便应运而生，并且越来越普及。离线编程最大的优势是使编程者远离危险的工作环境，同时还能实现工业机器人的实时仿真，为编程与调试提供灵活的工作环境。目前，离线编程系统正在朝着智能化和专业化的方向迅速发展，将致力于实现真正的自动化生产。图2.1所示为ABB公司研发的RobotStudio仿真软件操作界面，本书将以该软件为例来学习操作工业机器人。

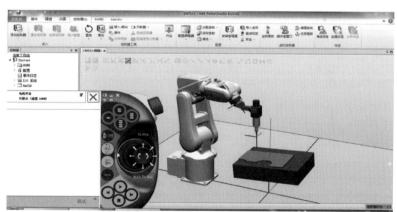

图2.1 RobotStudio仿真软件操作界面

那么，如何使用仿真软件来构建虚拟工业机器人工作站呢？让我们一起来做一做，学一学！

项目实施

任务 1   创建虚拟工业机器人

任务目标

- 知道工业机器人的离线编程。
- 熟悉RobotStudio仿真软件的主要功能和功能选项卡。
- 会在RobotStudio仿真软件中创建虚拟工业机器人。

任务描述

　　通过本任务的学习，认识RobotStudio仿真软件的主要功能和功能选项卡，在RobotStudio仿真软件中创建虚拟工业机器人，恢复RobotStudio仿真软件默认的操作界面。

任务准备

1. 工业机器人的编程方法

　　工业机器人的编程方法有示教编程和离线编程等。其中工业机器人离线编程，是指操作者在仿真软件中先构建工业机器人工作应用场景的三维虚拟环境，接着根据加工工艺等相关需求，进行一系列操作后，自动生成由指令语句组成的控制程序，最后在软件中进行轨迹的仿真与调整，并传输给工业机器人。

　　相比示教编程，离线编程的优势主要体现在编程过程减少了工业机器人的停机时间，使编程人员远离了危险的工作环境，可对复杂任务进行快速编程与优化，可直观地观察工业机器人的工作过程等。目前，通过人工智能、云计算并结合各种传感器，离线编程将与工业机器人控制器共同融入车间级的智能处理系统中，使工业机器人朝着智能化和专业化的方向迅速发展。

职业延伸

程序是人和机器沟通的语言，在编写程序时需要掌握一定的编程思维。编程思维是一种高效解决问题的思维方式，编程思维的核心不是编程语言，也不是语法，甚至不是算法或数据结构本身，而是如何分解问题，从中发现规律，建立解决问题的模型，并映射到合适的数据结构和算法上，然后才能根据算法编写程序实现。

不论是开发人工智能，还是与它们协同工作，都要会用机器可以理解的语言与它们交流。因此，从技能层面来说，编程将是人工智能时代技能人才的必备基础能力。编程技能已不仅是信息产业对人才的需求，而是所有产业的需求。产业需要的也不仅是软件专业人才，而是掌握编程技能的产业专业人才。

2. RobotStudio 仿真软件

RobotStudio 仿真软件的主要功能有：

（1）CAD 导入

RobotStudio 仿真软件可轻易地以 CAD 格式导入数据，通过使用此类非常精确的 3D 模型数据，可以生成更为精确的控制程序，从而提高产品质量。

（2）自动路径生成

RobotStudio 仿真软件通过使用待加工部件的 CAD 模型，在短时间内自动生成指定曲线所需的各个位置数据，极大地提升工业生产效率。

（3）自动分析伸展能力

RobotStudio 仿真软件可让操作者灵活地移动工业机器人和设备等模型，从而使工业机器人能到达所有的指定位置，并优化工作站的布局。

（4）碰撞检测

RobotStudio 仿真软件可对工业机器人在运动过程中是否会与周边设备发生碰撞进行验证与确认，以确保工业机器人可以安全运行。

（5）在线作业

RobotStudio 仿真软件能与真实的工业机器人进行通信连接，可对工业机器人进行实时监控、程序修改、参数设定、文件传送及备份恢复等操作，使调试与维护工作变得更加轻松。

（6）应用功能包

RobotStudio 仿真软件针对不同的工业应用，专门推出了功能强大的工艺功能包，从而使工业机器人能更好地与工艺应用进行有效融合。

职业延伸

虚拟仿真软件的核心是虚拟仿真技术，又称模拟技术，就是用一个系统模仿另一个真实系统的技术。虚拟仿真实际上是一种可创建和体验虚拟世界的计算机系统。这种虚拟世界由计算机生成，可以是现实世界的再现，也可以是构想中的世界，用户可借助视觉、听觉及触觉等多种感觉通道与虚拟世界进行自然交互。它是以仿真的方式给用户创造一个三维的虚拟世界。

由于计算机技术的发展，仿真技术逐步自成体系，成为继数学推理、科学实验之后人类认识自然界客观规律的第三类基本方法，而且正在发展成为人类认识、改造和创造客观世界的一项通用性、战略性技术。

任务实施

1. 认识RobotStudio仿真软件

（1）"文件"功能选项卡

"文件"功能选项卡如图2.2所示，包括保存、保存为、打开、关闭、新建等选项。

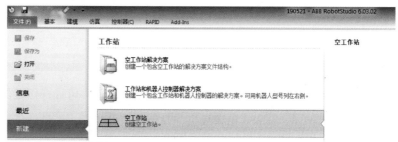

图2.2 "文件"功能选项卡

（2）"基本"功能选项卡

"基本"功能选项卡如图2.3所示，包括建立工作站、路径编程、设置、控制器、Freehand和图形6个组。

图2.3 "基本"功能选项卡

①"建立工作站"组包括ABB模型库、导入模型库、机器人系统、导入几何体和框架，如图2.4所示。其中"ABB模型库"有导入ABB工业机器人模型等功能，"导入模型库"有导入加工工具和工件模型等功能，"机器人系统"有创建工业机器人系统等功能。

②"设置"组包括任务、工件坐标和工具等，如图2.5所示。

图2.4 "基本" 功能选项卡的 "建立工作站" 组

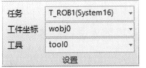

图2.5 "基本" 功能选项卡的 "设置" 组

图2.6 "基本" 功能选项卡的 "Freehand" 组

③ "Freehand" 组包括移动、旋转、手动关节、手动线性和手动重定位等，如图2.6所示。其中 "移动" 可根据参考坐标系移动工业机器人和设备等模型，"旋转" 可根据参考坐标系旋转工业机器人和设备等模型，"手动关节" 用于手动操作工业机器人各关节轴进行旋转，"手动线性" 可在当前工具定义的坐标系中手动操作工业机器人进行线性运动，"手动重定位" 可在当前工具定义的坐标系中手动操作工业机器人绕着工具TCP做姿态调整。

（3）"建模" 功能选项卡

"建模" 功能选项卡如图2.7所示，包括创建、CAD操作、测量、Freehand和机械5个组。

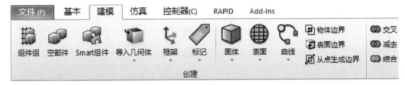

图2.7 "建模" 功能选项卡

（4）"仿真" 功能选项卡

"仿真" 功能选项卡如图2.8所示，包括碰撞监控、配置、仿真控制、监控、信号分析器和录制短片6个组。

图2.8 "仿真" 功能选项卡

（5）"控制器" 功能选项卡

"控制器" 功能选项卡如图2.9所示，包括进入、控制器工具、配置、虚拟控制器和传送5个组。

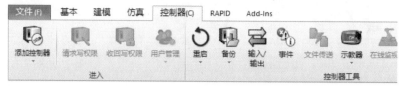

图2.9 "控制器" 功能选项卡

"控制器工具"组包括重启、备份、输入/输出、事件、文件传送、示教器、在线监视器、在线信号分析器和作业等，如图2.10所示。"示教器"用于建立虚拟示教器，可对工业机器人进行基本操作。

图2.10 "控制器" 功能选项卡的 "控制器工具" 组

（6）"RAPID" 功能选项卡

"RAPID"功能选项卡如图2.11所示，包括进入、编辑、插入、查找、控制器、测试和调试7个组。

图2.11 "RAPID" 功能选项卡

（7）"Add-Ins" 功能选项卡

"Add-Ins"功能选项卡如图2.12所示，包括社区、RobotWare和齿轮箱热量预测3个组。

图2.12 "Add-Ins" 功能选项卡

2.　创建虚拟工业机器人

虚拟工业机器人工作站的核心部分是虚拟工业机器人，在RobotStudio仿真软件里可以模拟出真实的使用环境，创建虚拟工业机器人的操作步骤如下：

创建虚拟工业机器人

步骤1 创建空工作站，如图2.13所示。

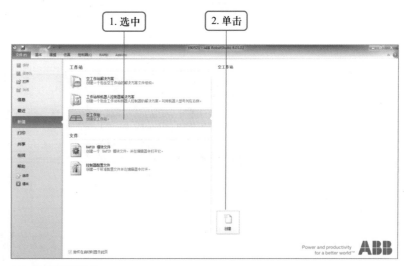

图2.13 创建空工作站

步骤2 导入IRB 120工业机器人模型，如图2.14所示。

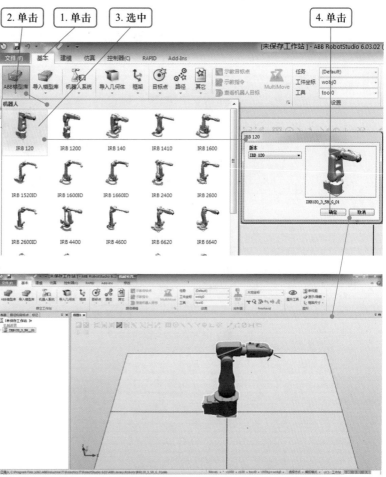

图2.14 导入IRB 120工业机器人模型

步骤3　创建工业机器人系统。

（1）新建工业机器人系统，如图2.15所示。

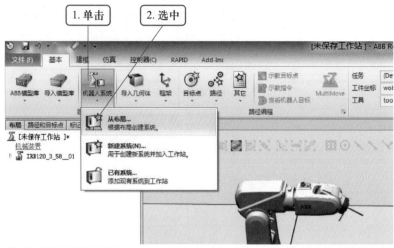

图2.15 新建工业机器人系统

（2）设置系统名称和位置，如图2.16所示。

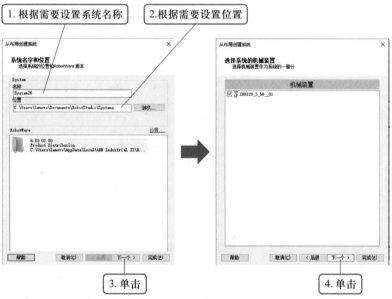

图2.16 设置系统名称和位置

（3）配置系统选项，添加通信模块，如图2.17所示。

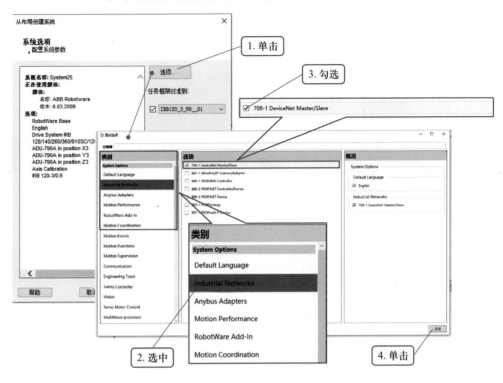

图2.17 配置系统选项，添加通信模块

（4）完成工业机器人系统创建，如图2.18所示。

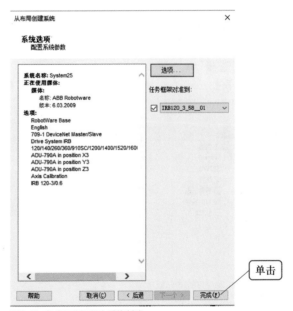

图2.18 完成工业机器人系统创建

步骤4 启动工业机器人系统，如图2.19所示。

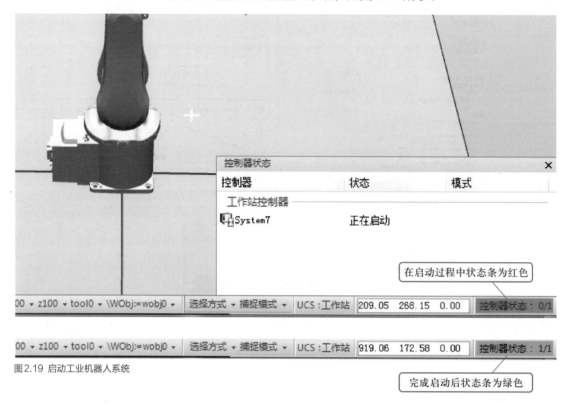

图2.19 启动工业机器人系统

步骤5 设置虚拟示教器语言。

（1）打开虚拟示教器，如图2.20所示。

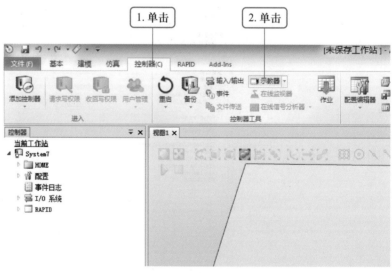

图2.20 打开虚拟示教器

（2）切换为手动运行模式，进入控制面板，如图2.21所示。

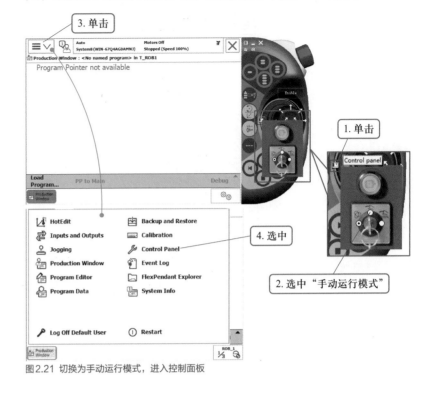

图2.21 切换为手动运行模式，进入控制面板

（3）修改示教器语言，如图2.22所示。

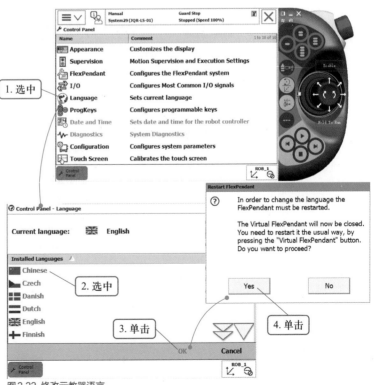

图2.22 修改示教器语言

（4）重启示教器，示教器出现图2.23所示界面。

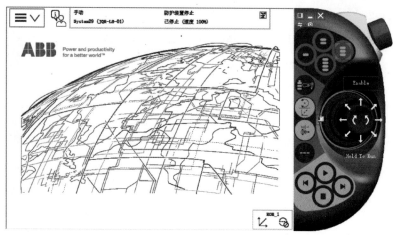

图2.23　虚拟工业机器人创建完成界面

3. 恢复RobotStudio仿真软件默认的操作界面

刚开始操作RobotStudio仿真软件时，常常会遇到操作窗口被意外关闭的情况，导致无法找到对应的操作对象和查看相关的信息。此时，可按照图2.24所示的操作步骤，恢复RobotStudio仿真软件默认的操作界面。

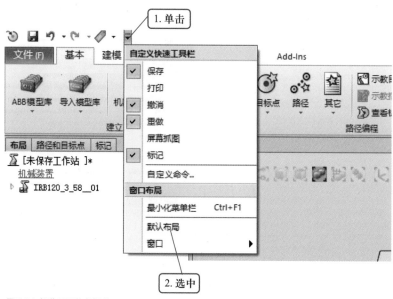

图2.24　操作界面恢复操作

 　任务评价

请将"创建虚拟工业机器人"的实训过程、实训收获及实训评价填入"实训评价表"。

任务 2　布局虚拟工业机器人工作站

任务目标

- 会调整虚拟工业机器人工作站的视图，观察各个模型的相对位置。
- 会在虚拟工业机器人工作站中导入加工工具和工件模型。
- 会使用RobotStudio仿真软件的Freehand功能调整各个模型的位置。

任务描述

通过本任务的学习，调整虚拟工业机器人工作站的视图，观察各个模型的相对位置，在虚拟工业机器人工作站中导入加工工具和工件模型，使用RobotStudio仿真软件的Freehand功能调整各个模型的位置。

任务实施

布局虚拟工业机器人工作站

1. 调整工作站视图

在布局虚拟工业机器人工作站时，需要观察和调整各个模型的位置，使工业机器人工作站的整体布局更加紧凑、合理。此时，就可以通过键盘和鼠标的组合来改变工作站视图，以获取不同的视角，从而便于调整各个模型的位置。

键盘和鼠标的组合功能有平移（Ctrl+鼠标左键）、旋转（Ctrl+Shift+鼠标左键）和缩放（滚动鼠标中间滚轮）等。

2. 导入并安装工业机器人加工工具

在参与生产的各个加工环节都需要工业机器人利用特定的工具来进行工作，在工作站中导入并安装加工工具的操作步骤如下：

步骤1 导入加工工具，如图2.25所示。

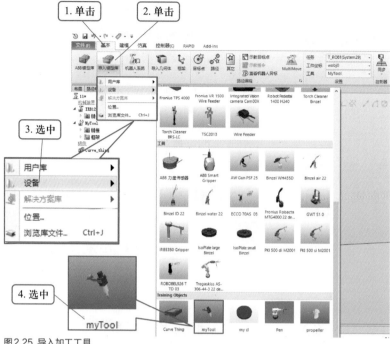

图2.25 导入加工工具

步骤2 将加工工具安装到工业机器人上，如图2.26所示。

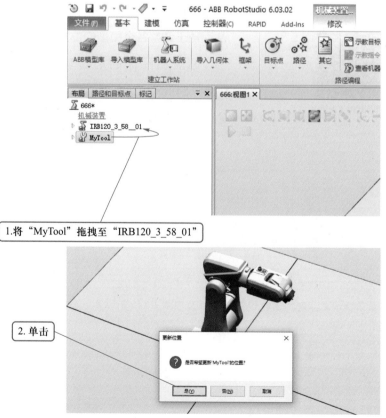

图2.26 将加工工具安装到工业机器人上

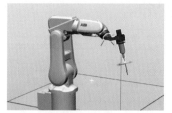

图2.27 加工工具安装完成的效果

图2.28 "基本"功能选项卡的"Free-hand"组

加工工具安装完成的效果如图2.27所示。

3. 调整工作站各个模型的位置

调整工作站各个模型的位置时需要用到"基本"功能选项卡的"Freehand"组,如图2.28所示。

"基本"功能选项卡的"Freehand"组功能如下:

(1)移动:根据参考坐标系移动工业机器人和设备等模型。

(2)旋转:根据参考坐标系旋转工业机器人和设备等模型。

(3)手动关节:手动操作工业机器人各关节轴进行旋转。

(4)手动线性:在当前工具定义的坐标系中手动操作工业机器人进行线性运动。

(5)手动重定位:在当前工具定义的坐标系中手动操作工业机器人绕着工具TCP做姿态调整。

4. 导入工件模型并合理摆放

在导入工件模型后,需要调整其相对位置,在不同的视角下移动工件模型,使工业机器人能到达所有的指定位置,操作步骤如下:

步骤1 导入工件模型,如图2.29所示。

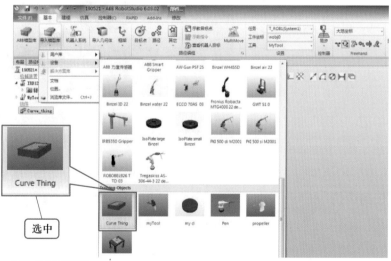

图2.29 导入工件模型

步骤2 选择调整位置的方式，如图2.30所示。

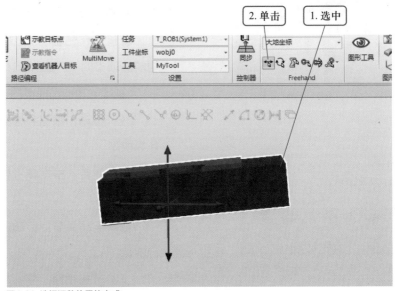

图2.30 选择调整位置的方式

步骤3 移动工件模型，选中三维坐标轴的其中一个轴按住鼠标左键不放，拖拽鼠标即可移动工件模型，如图2.31所示。

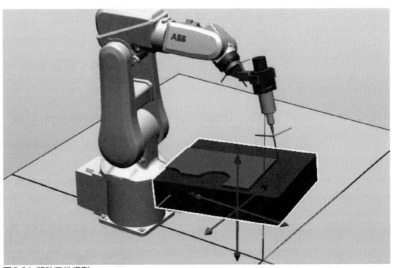

图2.31 移动工件模型

 任务评价

请将"布局虚拟工业机器人工作站"的实训过程、实训收获及实训评价填入"实训评价表"。

项目总结

离线编程能使编程者远离危险的工作环境，实现工业机器人的实时仿真。在本项目中，学习了"创建虚拟工业机器人"和"布局虚拟工业机器人工作站"2个任务。

在"创建虚拟工业机器人"任务中，学习了工业机器人的编程方法，认识了RobotStudio仿真软件的主要功能和功能选项卡，创建了虚拟工业机器人，学会了恢复RobotStudio仿真软件默认的操作界面。

在"布局虚拟工业机器人工作站"任务中，学习了调整虚拟工业机器人工作站视图、观察各个模型的相对位置，学会了导入加工工具和工件模型，使用RobotStudio仿真软件的Freehand功能调整各个模型的位置。

构建虚拟工业机器人工作站思维导图如图2.32所示。

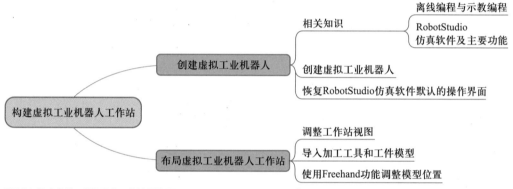

图2.32 构建虚拟工业机器人工作站思维导图

思考与实践

1. 什么是工业机器人离线编程？
2. RobotStudio仿真软件的主要功能有哪些？
3. 如何恢复RobotStudio仿真软件默认的操作界面？
4. RobotStudio仿真软件中，用于调整工作站视图的按键组合有哪些？
5. RobotStudio仿真软件中，"Freehand"组的功能有哪些？

项目3

实施工业机器人
基本操作

◆ 项目目标

- 熟悉工业机器人控制柜和示教器。
- 会启动和关闭工业机器人。
- 会正确使用工业机器人示教器。
- 会设定工业机器人工具数据。
- 会手动操作工业机器人进行单轴运动、线性运动和重定位运动。

▽ 项目导入

　　工业机器人的手动操作与遥控玩具十分类似，就是通过示教器的操纵杆让工业机器人的一个或多个关节轴转动起来。如图3.1所示，工作人员正在通过示教器操作工业机器人。在学习工业机器人编程之前，我们将结合理论知识、虚拟仿真和实训平台，构建理虚实一体化的实训环境，熟练地掌握工业机器人的基本操作，为学习编程打下坚实的基础。

图3.1 操作工业机器人

　　那么，如何实施工业机器人的基本操作呢？让我们一起来做一做，学一学！

项目实施

任务 1 启动与关闭工业机器人

任务目标

- 熟悉工业机器人控制柜和示教器。
- 会启动和关闭工业机器人。
- 会查看工业机器人常用信息和事件日志。
- 会恢复紧急停止后的工业机器人。

任务描述

通过本任务的学习，启动和关闭工业机器人，在示教器中查看工业机器人常用信息和事件日志，恢复紧急停止后的工业机器人。

任务准备

1. 控制柜

控制柜作为工业机器人的核心部分，用于安装控制单元、执行控制程序、存储与处理程序数据等。控制柜的操作面板如图3.2所示。

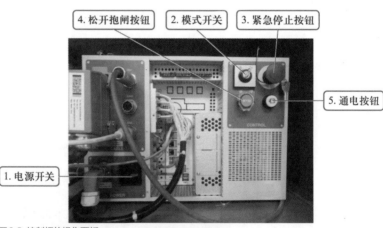

图3.2 控制柜的操作面板

（1）电源开关：旋转此开关，工业机器人可实现系统的启动和关闭。

（2）模式开关：旋转此开关，工业机器人可切换为手动或自动运行模式。

（3）紧急停止按钮：按下此按钮，可立即停止工业机器人的动作。此按钮的控制操作优先级高于任何其他的控制操作。

（4）松开抱闸按钮：按下此按钮，电动机解除抱死状态，通过手动方式可以随意改变工业机器人姿态。

（5）通电按钮：按下此按钮，工业机器人电动机通电，将处于开启状态。

职业延伸

按下紧急停止按钮后会断开工业机器人电动机的驱动电源，停止所有运转部件。工业机器人运行时，如果工作区域内有工作人员，或者工业机器人伤害了工作人员、损伤了机器设备，需要立即按下紧急停止按钮。在非必要情况下，不要轻易按压松开抱闸按钮，否则容易造成碰撞。紧急停止按钮和松开抱闸按钮在常态下一般不进行操作。在工业机器人技能实训过程中，要严格遵守工业机器人安全操作规范，一人监护，一人操作。

2. 示教器

在工业机器人的使用过程中，为了方便地控制工业机器人，并对其进行现场编程与调试，厂商一般会配套手持式编程器，作为用户与工业机器人之间人机对话的工具。工业机器人手持式编程器也称示教器，如图3.3所示。

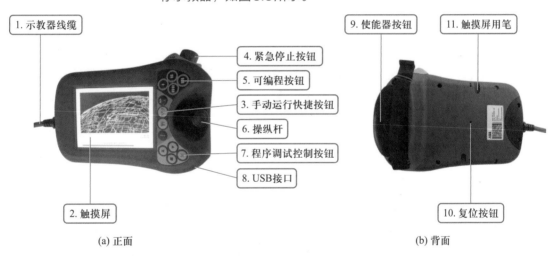

(a) 正面 (b) 背面

图3.3 示教器

（1）示教器线缆：与控制柜连接，实现工业机器人的控制。

（2）触摸屏：示教器的操作界面显示屏。

（3）手动运行快捷按钮：工业机器人手动运行时，线性运动或重定位运动等模式的快速切换按钮。

（4）紧急停止按钮：该按钮功能与控制柜的紧急停止按钮功能相同。

（5）可编程按钮：该按钮在仿真软件中也称为可编程按键，其功能可根据需要自行配置，常用于配置数字信号的切换，未配置功能的情况下该按钮无效。

（6）操纵杆：在手动运行模式下，通过拨动操纵杆可手动操作工业机器人。

（7）程序调试控制按钮：可控制程序进行单步或连续调试，还可以控制调试的开始和停止。

（8）USB接口：用于外接U盘等存储设备，传输工业机器人程序和数据等。

（9）使能器按钮：工业机器人手动运行时，需按下使能器按钮，并保持在电动机通电开启的状态，才可对工业机器人进行手动操作与程序调试。

（10）复位按钮：使用该按钮可以解决示教器死机或由于示教器本身硬件引起的异常情况等。

（11）触摸屏用笔：操作触摸屏的工具。

任务实施

1. 启动工业机器人

通过操作控制柜按钮，启动工业机器人系统，使示教器显示开机界面。启动工业机器人工作站的操作步骤如下：

步骤1 连接外部电源，将电源线缆与外部电源接通。合上低压断路器，如图3.4所示。

图3.4 连接外部电源

步骤2 逆时针旋转工作台电源手柄，将其由0旋转至1。合上低压断路器，如图3.5所示。

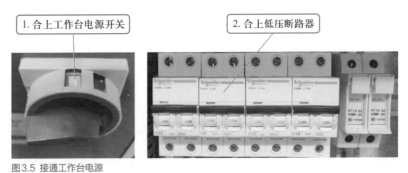

图3.5 接通工作台电源

步骤3 接通控制柜电源，将控制柜电源开关顺时针由"OFF"旋转至"ON"位置，如图3.6所示。

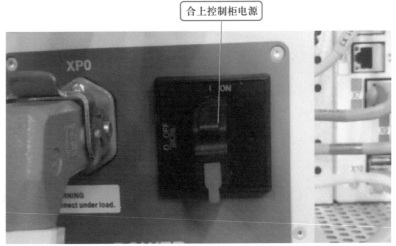

图3.6 接通控制柜电源

示教器出现图3.7所示界面，工业机器人启动完成。

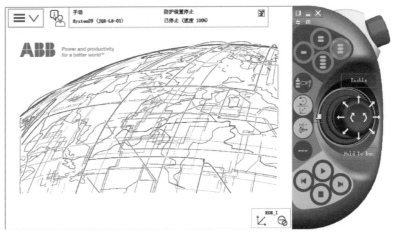

图3.7 工业机器人启动完成

2. 查看工业机器人的常用信息和事件日志

（1）查看工业机器人的常用信息

工业机器人的常用信息的显示位置如图3.8所示。

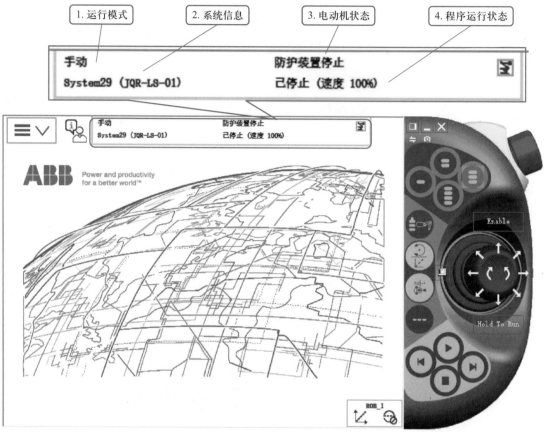

图3.8 工业机器人的常用信息的显示位置

① 运行模式：会显示"手动"或"自动"两种模式，目前为"手动"模式。

② 系统信息：会显示工业机器人序列号等信息。

③ 电动机状态：会显示"电动机开启"或"防护装置停止"等状态，目前为"防护装置停止"状态。

④ 程序运行状态：会显示程序"正在运行"或"已停止"等状态，目前为"已停止（速度100%）"状态。

（2）查看工业机器人事件日志

事件日志用于记录工业机器人系统中硬件、软件和系统问题的信息，同时还可以监视发生的事件，用户可以通过它来检查错误发生的原因。查看工业机器人事件日志的操作步骤如图3.9所示。

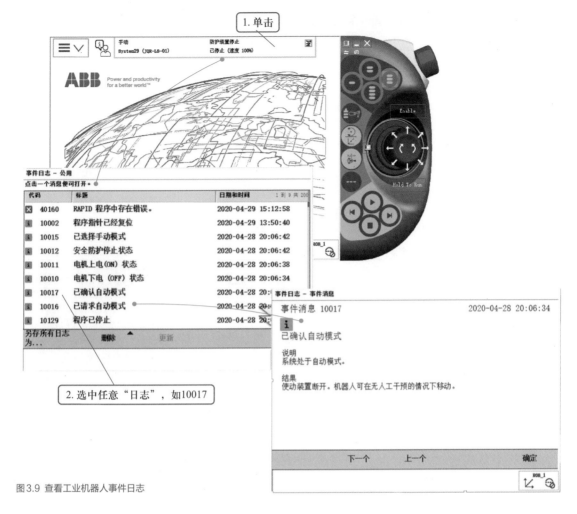

图 3.9 查看工业机器人事件日志

3. 恢复急停后的工业机器人

工业机器人在运行过程中出现碰撞或其他紧急状况时，应立即按下紧急停止按钮来启动工业机器人安全保护机制，用以停止工业机器人的运行。工业机器人处于急停状态时，无法执行任何动作，因此，在手动操作工业机器人到达安全位置前，需要先进行复位操作。

在对工业机器人进行复位操作以后，工业机器人停止的位置可能会处于空旷区域，也有可能被堵在障碍物之间。如果工业机器人处于空旷区域，可以选择手动操作工业机器人运动到安全位置。如果工业机器人被堵在障碍物之间，在障碍物容易移动的情况下，可以直接移开周围的障碍物，再手动操作工业机器人运动到安全位置。如果工业机器人被堵在障碍物之间且障碍物无法移动时，可以选择一人手扶工业机器人本体，一人按下控制柜的松开抱闸按钮，来调整工业机器人的位置和姿态。

工业机器人急停后恢复的操作步骤如下：

步骤1 按下和松开紧急停止按钮后，示教器界面如图3.10所示。

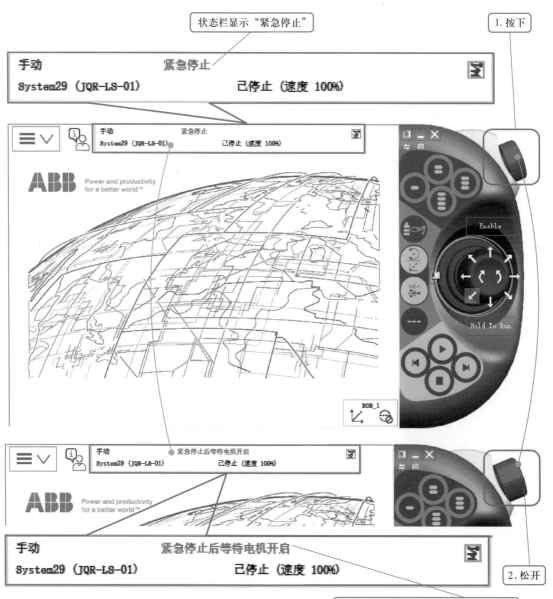

图3.10 按下和松开紧急停止按钮后的示教器界面

步骤2 按下控制柜的通电按钮后，恢复正常状态，示教器界面如图3.11所示。

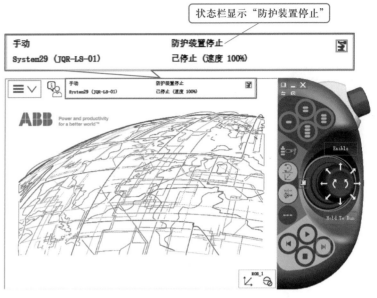

图3.11 按下控制柜的通电按钮后，恢复正常状态的示教器界面

4. 关闭工业机器人

关闭工业机器人工作站的操作步骤如下：

步骤1 进入"重新启动"的"高级重启"界面，如图3.12所示。

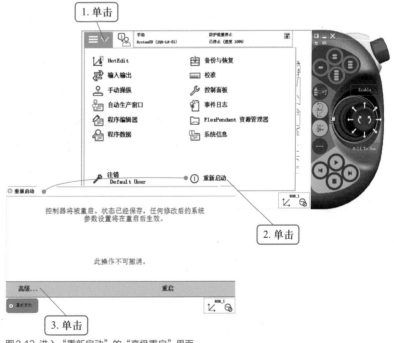

图3.12 进入"重新启动"的"高级重启"界面

步骤2 通过示教器，关闭主计算机，如图3.13所示。

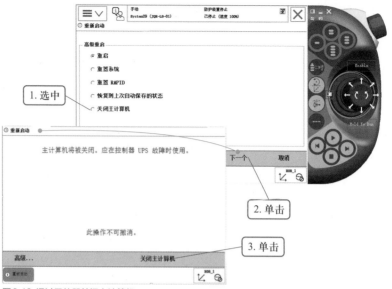

图3.13 通过示教器关闭主计算机

步骤3 断开控制柜电源，待示教器屏幕显示"controller has shut down"后，将控制柜电源开关逆时针由"ON"旋转至"OFF"位置，如图3.14所示。

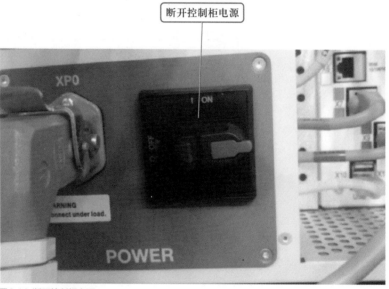

图3.14 断开控制柜电源

步骤4 断开低压断路器。断开工作台电源，顺时针旋转手柄，将其由"1"旋转至"0"，如图3.15所示。

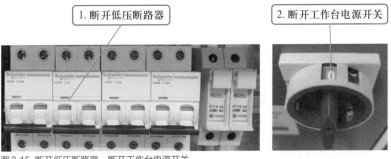

图3.15 断开低压断路器，断开工作台电源开关

步骤5 断开低压断路器。断开外部电源，将电源线缆与外部电源断开，完成工业机器人的关闭，如图3.16所示。

图3.16 完成工业机器人的关闭

任务评价　　　　请将"启动与关闭工业机器人"的实训过程、实训收获及实训评价填入"实训评价表"。

任务 2　　操作工业机器人单轴运动

任务目标

- 知道工业机器人的关节轴。
- 会正确使用工业机器人示教器。
- 会手动操作工业机器人进行单轴运动。

任务描述

通过本任务的学习，正确使用示教器手动操作工业机器人进行单轴运动。

任务准备

1. 工业机器人的关节轴

IRB 120工业机器人的本体共有6个关节轴，如图3.17所示。6个关节轴通过6个伺服电动机进行驱动，并规定了旋转的正方向。

工业机器人在出厂时，为每个关节轴都设定了机械零点，对应着本体上6个关节轴的同步标记，以此作为各关节轴的运动基准，图3.18所示为工业机器人第1关节轴的同步标记。以各关节轴的机械零点和规定的运动方向为基准的关节坐标系，是工业机器人各关节轴在独立运动时的参考坐标系。

2. 工业机器人的单轴运动

通过示教器，手动操作工业机器人每个关节轴进行独立的旋转运动，称为单轴运动。单轴运动可用于调整工业机器人的位置和姿态。同时，熟记工业机器人各关节轴的运动方向，有助于更加安全高效地操作工业机器人。

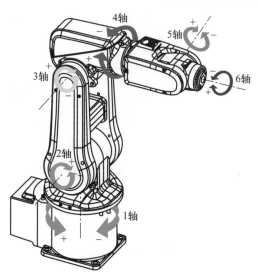

图3.17 IRB 120工业机器人本体的6个关节轴

第1关节轴的同步标记

图3.18 工业机器人第1关节轴的同步标记

任务实施

1. 使用示教器

（1）手持示教器

手持示教器的正确方法为左手握示教器，四指穿过示教器绑带，松弛地按在使能器按钮上，右手操作屏幕和按钮等，如图3.19所示。

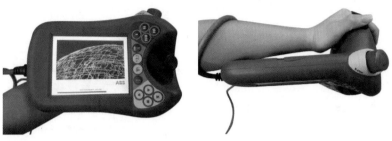

(a) 手持示教器正视图　　　　　　　　(b) 手持示教器俯视图

图3.19 手持示教器的方法

（2）使用使能器按钮

使能器按钮共分为两挡，轻松按下使能器按钮时为使能器第一挡位，工业机器人将处于电动机通电开启状态。此时，示教器状态栏显示"电机开启"，如图3.20所示。

状态栏显示"电机开启"

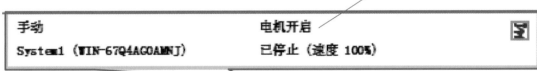

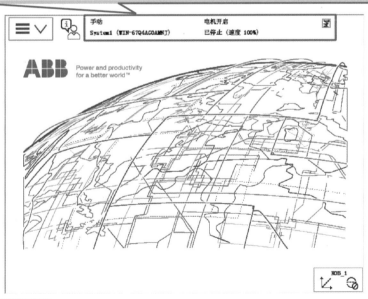

图3.20 使能器第一挡位示教器界面显示

使能器第二挡位是为了保证操作人员人身安全而设置的。发生危险时，人会本能地松开或抓紧使能器按钮。当抓紧使能器按钮时为使能器第二挡位，工业机器人会处于电动机断电防护状态马上停下来，以保证生产安全。此时示教器状态栏显示"防护装置停止"，如图3.21所示。

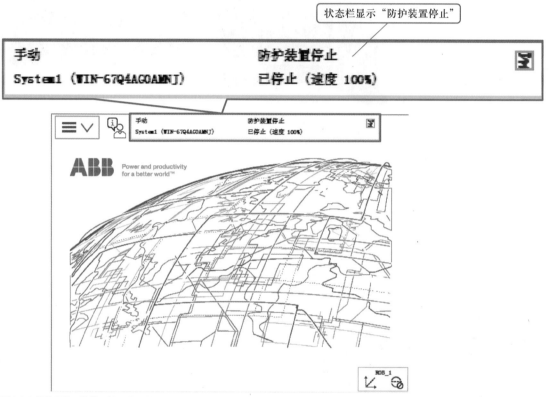

图3.21 使能器第二挡位示教器界面显示

2. 操作工业机器人进行单轴运动

（1）操作虚拟工作站工业机器人进行单轴运动

虚拟工作站工业机器人进行单轴运动的操作步骤如下：

步骤1 进入"手动操纵"的"动作模式"界面，如图3.22所示。

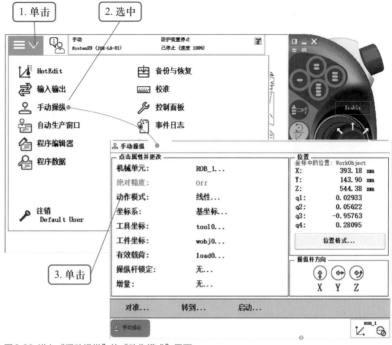

图3.22 进入"手动操纵"的"动作模式"界面

步骤2 选择单轴运动模式，如图3.23所示。

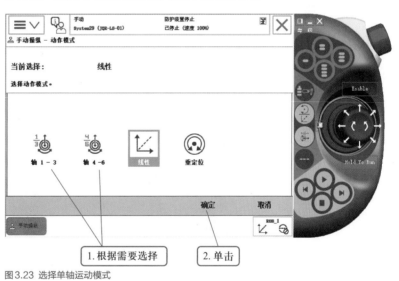

图3.23 选择单轴运动模式

步骤3 查看当前关节轴旋转角度和操纵杆方向控制，并单击使能器按钮"Enable"，如图3.24所示。

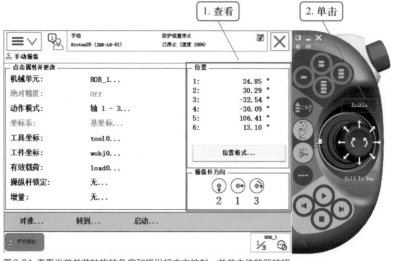

图3.24 查看当前关节轴旋转角度和操纵杆方向控制，并单击使能器按钮

步骤4 根据操纵杆方向，拨动操纵杆，完成单轴运动，如图3.25所示。

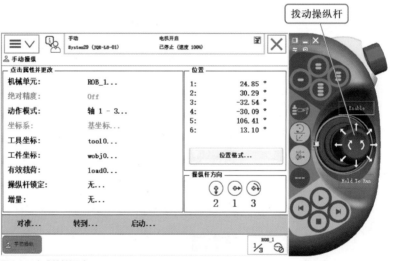

图3.25 完成单轴运动

（2）操作工作站工业机器人进行单轴运动

操作工作站工业机器人进行单轴运动，步骤1、步骤2与虚拟工作站工业机器人进行单轴运动的操作步骤相同，步骤3和步骤4如下。

步骤3　按下使能器按钮，并在状态栏中确认"电机开启"，如图
3.26所示。

按下使能器按钮

图3.26 按下使能器按钮，并在状态栏中确认"电机开启"

步骤4　根据操纵杆方向，拨动操纵杆，完成单轴运动，如图3.27
所示。

拨动操纵杆

图3.27 完成单轴运动

3. 快捷切换单轴运动的模式

（1）操作手动运行快捷按钮

　　通过手动运行快捷按钮（如图3.28所示），可实现单轴运动
"轴1-3"和"轴4-6"的快速切换。

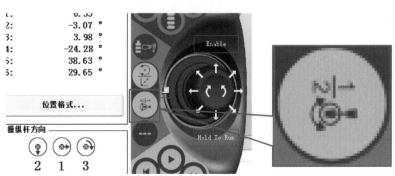

图3.28 手动运行快捷按钮

（2）操作手动运行快捷设置菜单

　　通过手动运行快捷设置菜单，可对单轴运动的模式进行切换，切换的操作步骤如图3.29所示。

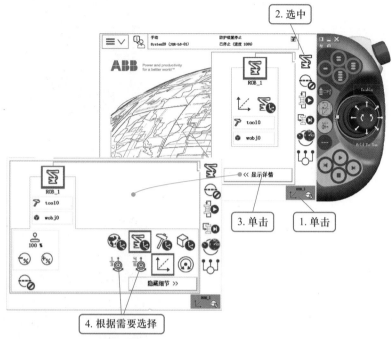

图3.29　通过手动运行快捷设置菜单对单轴运动的模式进行切换

任务评价

　　请将"操作工业机器人单轴运动"的实训过程、实训收获及实训评价填入"实训评价表"。

任务 **3**　操作工业机器人线性运动

任务目标

- 知道工业机器人常用坐标系。
- 会手动操作工业机器人进行线性运动。
- 会使用增量模式控制工业机器人的运行。

任务描述

通过本任务的学习，手动操作工业机器人进行线性运动，使用增量模式控制工业机器人的线性运动。

任务准备

1. 工业机器人的线性运动

通过示教器，手动操作工业机器人第6轴法兰盘上的TCP在空间中沿坐标系X、Y、Z轴进行的直线运动，称为线性运动。

2. 工业机器人常用的坐标系

坐标系是从一个被称为原点的固定点，通过轴定义得到的平面或空间。其中，工业机器人的目标位置，就是通过沿坐标系轴的测量来定位的。在工业机器人系统中，可使用若干坐标系，每一坐标系都适用于特定类型的控制或编程。常用的坐标系有大地坐标系、工具坐标系、基坐标系和工件坐标系。

（1）大地坐标系

大地坐标系在工业机器人的固定位置有其相应的零点，是工业机器人出厂默认的，一般位于工业机器人底座上。大地坐标系主要用于处理多个工业机器人或可由外轴进行移动的工业机器人。

（2）工具坐标系

工具坐标系是参照在机械接口上的工具或末端执行器的坐标系。在生产过程中，需要以手动或编程的方式让工业机器人去接近空间中的某一个点时（假设为A点），其本质就是工业机器人以特定的姿态让工具上的一个参考点去接近A点。我们把工具上的这个参考点，称为工具中心点（TCP）。因此，工业机器人的运动实质上就是TCP的运动。同时，为了便于工业机器人的手动操作，会在工具上绑定一个以TCP为原点的坐标系，即工具坐标系。工业机器人在出厂时有一个预定义的工具坐标系"tool0"，位于工业机器人第6轴

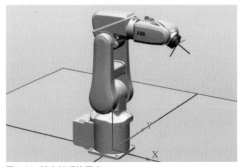

图3.30　基坐标系的零点

的法兰盘中心点。

（3）基坐标系

基坐标系在工业机器人基座中有相应的零点，如图3.30所示。基坐标系的设定，使固定安装的工业机器人的移动具有可预测性，便于工业机器人本体从一个位置移动到另一个位置。在默认情况下，大地坐标系与基坐标系是一致的。当操作人员正向面对工业机器人，坐标系选择基坐标进行线性运动时，操纵杆向前或向后拨动，工业机器人的TCP能沿X轴进行运动；操纵杆向左或向右拨动，工业机器人的TCP能沿Y轴进行运动；操纵杆顺时针或逆时针旋转，工业机器人的TCP能沿Z轴进行运动。

（4）工件坐标系

工件坐标系由工件原点与坐标方位构成。对应工件，其定义位置是相对于大地坐标系的位置，其目的是使工业机器人的手动运行以及编程设定的目标位置均以该坐标系为参照。工业机器人可以有多个工件坐标系，用以表示不同的工件，或表示同一工件在不同的位置。工业机器人在出厂时有一个预定义的工件坐标系"wobj0"，默认与基坐标系一致。

3.　增量模式

手动操作工业机器人运动时有两种运动模式：默认模式和增量模式。

在默认模式下，拨动示教器操纵杆的幅度越小，工业机器人的运动速度就越慢；拨动示教器操纵杆的幅度越大，工业机器人的运动速度就越快。同时，工业机器人在手动模式下的最大运动速度，可以在示教器上进行调节。

在增量模式下，操纵杆每偏转一次，工业机器人就移动一步（一个增量）；如果操纵杆偏转持续数秒，工业机器人将持续移动，且速率为10步/s。因此，可采用增量模式对工业机器人的位置进行微幅调整和精确定位。增量移动的幅度可在小、中、大之间选择，也可自定义增量移动幅度，见表3.1。

表3.1 增量移动幅度

增量	移动距离/mm	弧度/rad
小	0.05	0.0005
中	1	0.004
大	5	0.009
用户	自定义	自定义

任务实施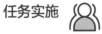

1. 操作工业机器人进行线性运动

（1）操作虚拟工作站工业机器人进行线性运动

操作虚拟工作站工业机器人进行线性运动的步骤如下：

步骤1 进入"手动操纵"的"动作模式"界面，如图3.31所示。

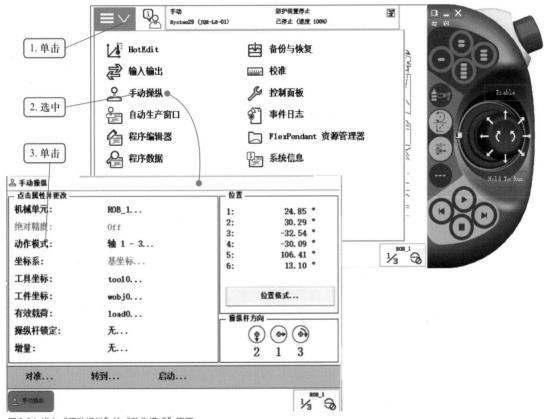

图3.31 进入"手动操纵"的"动作模式"界面

步骤2　选择线性运动模式，如图3.32所示。

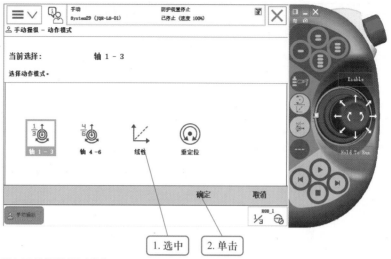

图3.32　选择线性运动模式

步骤3　查看X轴、Y轴、Z轴位置信息和操纵杆方向控制，并单击使能器按钮"Enable"，如图3.33所示。

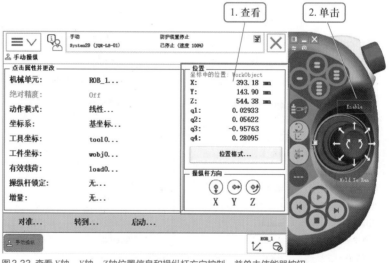

图3.33　查看X轴、Y轴、Z轴位置信息和操纵杆方向控制，并单击使能器按钮

步骤4 根据操纵杆方向，拨动操纵杆，完成线性运动，如图3.34所示。

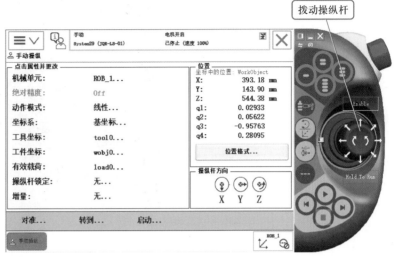

图3.34 完成线性运动

（2）操作工作站工业机器人进行线性运动

　　操作工作站工业机器人进行线性运动，步骤1、步骤2与操作虚拟工作站工业机器人进行线性运动的步骤相同，步骤3和步骤4如下。

步骤3 按下使能器按钮，并在状态栏中确认"电机开启"，如图3.35所示。

图3.35 按下使能器按钮，并在状态栏中确认"电机开启"

步骤4　根据操纵杆方向，拨动操纵杆，完成线性运动，如图3.36所示。

拨动操纵杆

图3.36 完成线性运动

2. 快捷切换线性运动的模式

（1）操作手动运行快捷按钮

通过手动运行快捷按钮（如图3.37所示），可实现线性运动和重定位运动的快速切换。

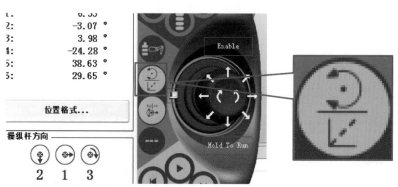

图3.37 手动运行快捷按钮

（2）操作手动运行快捷设置菜单

通过手动运行快捷设置菜单，可对线性运动的模式进行切换，切换的操作步骤如图3.38所示。

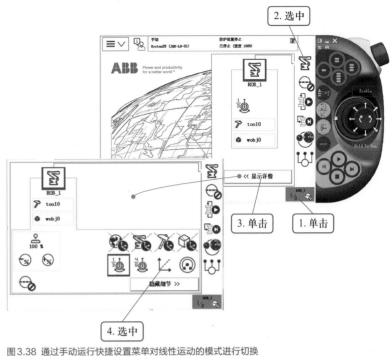

图3.38 通过手动运行快捷设置菜单对线性运动的模式进行切换

3. 操作工业机器人在增量模式下进行线性运动

　　用户在手动操作示教器控制工业机器人进行线性运动时，在不熟练的情况下，可能会因工业机器人运动速度过快而导致目标位置示教不理想，甚至与周边设备发生碰撞等事故。为避免此类情况发生，可通过设置增量模式来提升运动过程的稳定性。

　　如要求工业机器人抓持涂胶工具，利用TCP标定工具完成点位的示教，操作过程如下：

图3.39 涂胶工具的尖点靠近TCP标定工具的尖点

　　（1）操作工业机器人在默认模式下进行线性运动，使涂胶工具的尖点靠近TCP标定工具的尖点，如图3.39所示。

　　（2）设置增量模式使工业机器人在"小"增量模式下进行线性运动。示教器增量模式的设置共有三种方法，可选择其中一种完成增量模式的选择。

　　①"手动操纵"界面选择增量模式。通过"手动操纵"界面选择增量模式的操作步骤如图3.40所示。

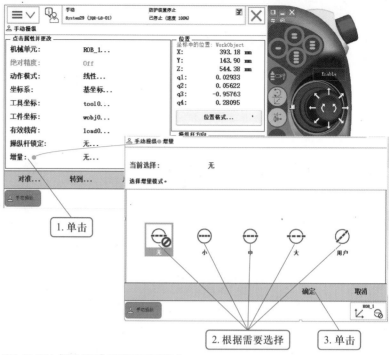

图3.40 通过"手动操纵"界面选择增量模式

　　② 增量开/关快捷切换按钮切换增量模式。增量开/关快捷切换按钮如图3.41所示。此按钮只能开启或关闭增量模式，无法对增量移动幅度进行选择。

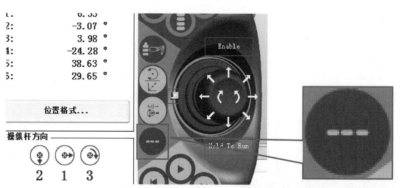

图3.41 增量开/关快捷切换按钮

　　当示教器左下角的"手动运行快捷设置菜单"显示状态如图3.42（a）所示时，增量模式为开启状态；如图3.42（b）所示时，增量模式为关闭状态，即当前为默认模式。

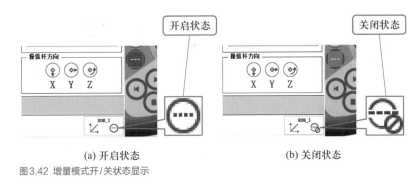

(a) 开启状态　　　　　　　　(b) 关闭状态

图3.42 增量模式开/关状态显示

③ 手动运行快捷设置菜单选择增量模式。通过手动运行快捷设置菜单可对增量模式进行切换，切换的操作步骤如图3.43所示。

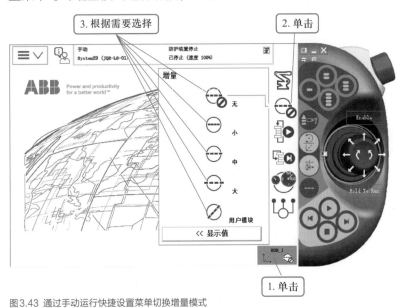

图3.43 通过手动运行快捷设置菜单切换增量模式

图3.44 涂胶工具的尖点刚好碰上TCP标定工具的尖点

（3）完成增量模式的设置后，操作工业机器人在增量模式下进行线性运动，使涂胶工具的尖点刚好碰上TCP标定工具的尖点，如图3.44所示。

任务评价

请将"操作工业机器人线性运动"的实训过程、实训收获及实训评价填入"实训评价表"。

任务 4 操作工业机器人重定位运动

 任务目标

- 会设定工业机器人工具数据。
- 会手动操作工业机器人进行重定位运动。

 任务描述

通过本任务的学习，设定工业机器人工具数据，手动操作工业机器人进行重定位运动。

 任务准备

1. 工业机器人工具数据

不同的生产环节要求工业机器人需选用配置不同的工具，例如弧焊工业机器人使用焊枪作为工具，而搬运工业机器人则使用吸盘或夹爪作为工具。这时，就需要引入工具数据（tooldata）来描述安装在工业机器人第6轴上工具的TCP、质量、重心等参数。

工业机器人出厂时第6轴法兰盘末端未携带工具，但有一个默认的工具坐标系tool0，其TCP位于第6轴法兰盘中心点，如图3.45所示。

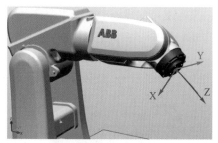

图3.45 默认的工具坐标系

当工业机器人安装焊枪工具后，需要新建焊枪的工具坐标系，如图3.46所示。

2. 工业机器人的重定位运动

工业机器人的重定位运动是指安装在工业机器人第6轴法兰盘的工具的TCP，在空间中绕着坐标轴旋转运动，也可以理解为工业机器人绕着工具TCP做姿态调整的运动。

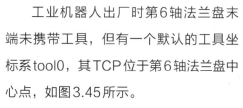

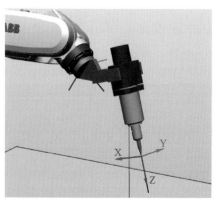

图3.46 焊枪的工具坐标系

任务实施

图3.47 TCP标定工具

定义工具数据

职业延伸

1. 设定工业机器人工具数据

工业机器人工具数据的设定过程如下：

（1）在工业机器人工作范围内选择一个非常精确的固定点作为TCP参考点，一般选用TCP标定工具的尖点，如图3.47所示。

（2）在工具上确定一个参考点，如涂胶工具的笔尖。

（3）手动操作工业机器人，使工具上的参考点接近TCP标定工具的尖点。为了获得更准确的TCP，将使用6点法进行操作。前3点要求工业机器人以不同的姿态使工具的参考点（即笔尖）靠近并接触标定工具的尖点，且尽可能刚好碰上。第4点要求工业机器人的工具参考点垂直靠近并接触标定工具的尖点。第5点要求工具参考点位于从标定工具尖点处向将要设定为工具坐标系X轴的方向上。第6点要求工具参考点位于从标定工具尖点处向将要设定为工具坐标系Z轴的方向上。

（4）工业机器人通过前4点的位置数据计算求得TCP数据，通过后2点的位置数据计算求得工具坐标系坐标轴的方向，并保存在工具数据tooldata中，等待被程序调用。

工业机器人的TCP参考点是一个非常精确的固定点。手动操作工业机器人在工作范围寻找TCP参考点的过程是一个精益求精的过程，需要操作者沉着细致，发扬"求精"的工匠精神。

从本质上讲，工匠精神是一种职业精神，它是职业道德、职业能力、职业品质的体现，是从业者的一种职业价值取向和行为表现。"求精"是工匠精神的核心之一。

求精，就是要精益求精，一丝不苟，追求完美和极致。这种精神要贯穿学习和工作的始终，就像在连接电路时，不仅要求接线正确，还要求布线规范、工艺美观。在接线过程中，不仅要按图接线，还要精益求精，注重细节，做到"没有最好，只有更好"。在工业机器人技能实训过程中，也要将"求精"的工匠精神落实到实训的每一个细节中，力求完美，即使制作一颗螺钉也要做到最好。

工具数据tooldata的创建步骤如下：

步骤1 进入"工具坐标"界面，如图3.48所示。

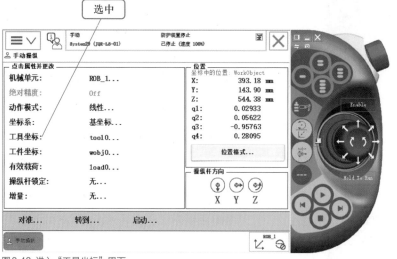

图3.48 进入"工具坐标"界面

步骤2 新建工具数据，如图3.49所示。

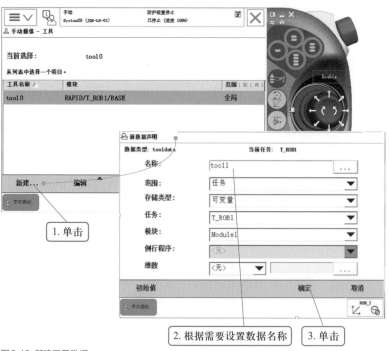

图3.49 新建工具数据

步骤3 选择需要定义的工具数据,如图3.50所示。

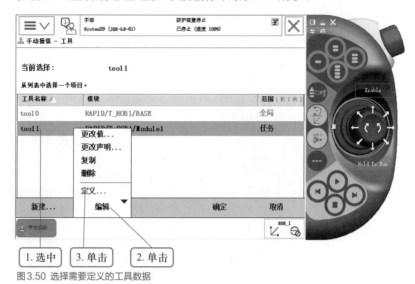

图3.50 选择需要定义的工具数据

步骤4 选择工具数据的定义方法,如图3.51所示。

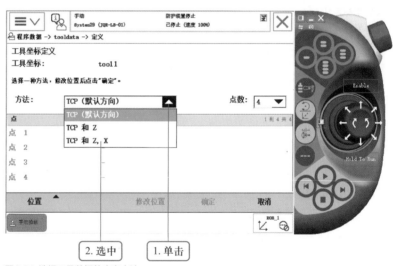

图3.51 选择工具数据的定义方法

步骤5 操作工业机器人制作点4姿态，并记录位置，如图3.52所示。

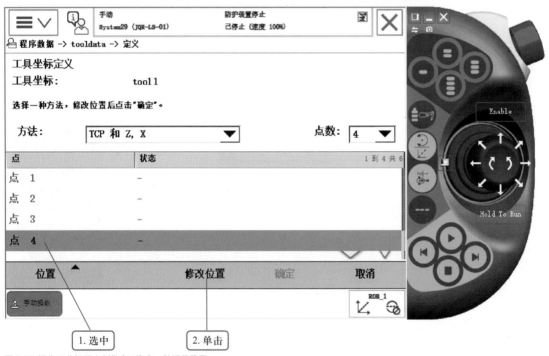

图3.52 操作工业机器人制作点4姿态，并记录位置

步骤6　操作工业机器人制作延伸器点X姿态，并记录位置，如图
3.53所示。

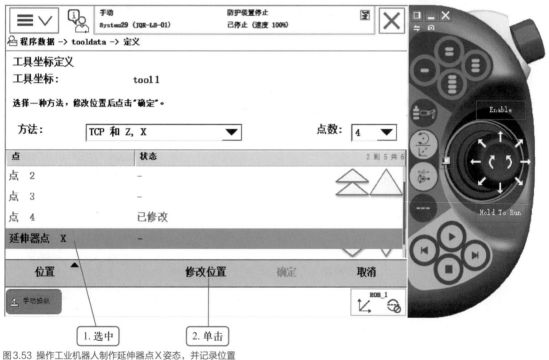

图3.53 操作工业机器人制作延伸器点X姿态，并记录位置

步骤7　操作工业机器人制作延伸器点Z姿态，并记录位置，如图
3.54所示。

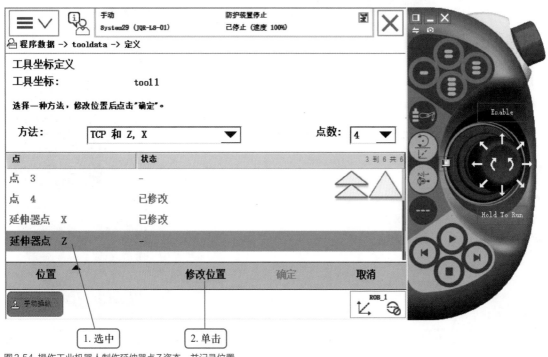

图3.54 操作工业机器人制作延伸器点Z姿态，并记录位置

步骤8　操作工业机器人制作点1姿态，并记录位置，如图3.55所示。

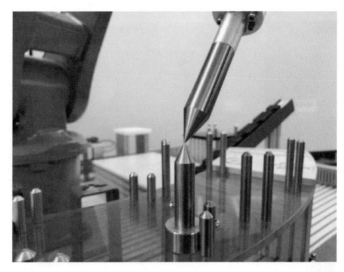

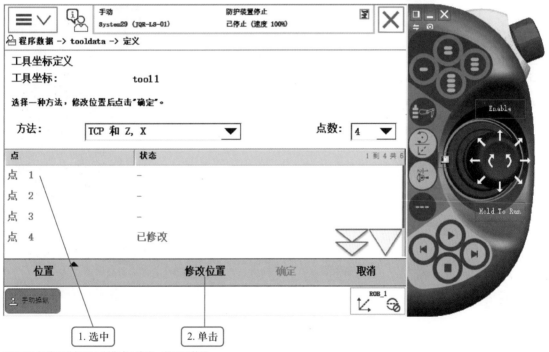

图3.55　操作工业机器人制作点1姿态，并记录位置

步骤9　操作工业机器人制作点2姿态，并记录位置，如图3.56所示。

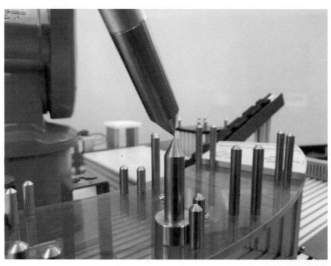

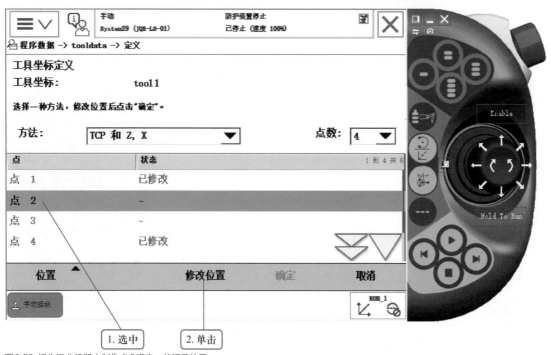

图3.56 操作工业机器人制作点2姿态，并记录位置

步骤10　操作工业机器人制作点3姿态，并记录位置，如图3.57所示。

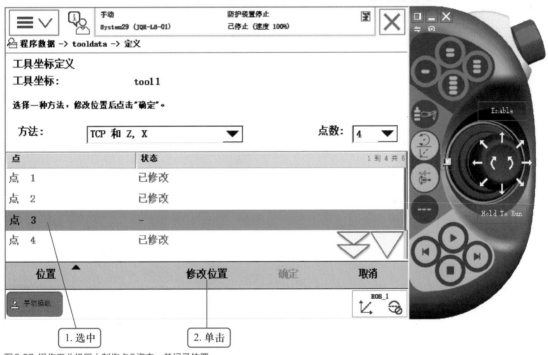

图3.57　操作工业机器人制作点3姿态，并记录位置

步骤11　完成工具数据定义，查看计算结果，确保平均误差在1mm以内，如图3.58所示。

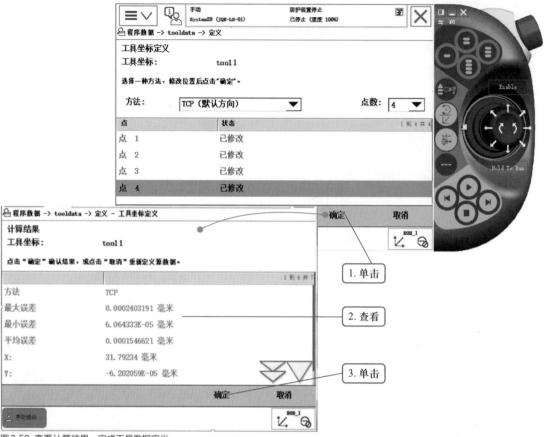

图3.58　查看计算结果，完成工具数据定义

步骤12 创建并设置工具数据，如图3.59所示。

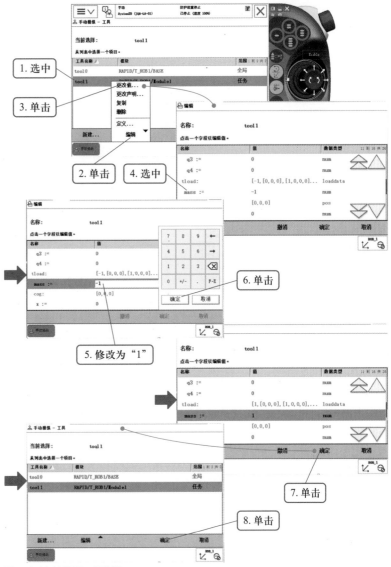

图3.59 创建并设置工具数据

2. 操作工业机器人进行重定位运动

（1）操作虚拟工作站工业机器人进行重定位运动

操作虚拟工作站工业机器人进行重定位运动的步骤如下：

步骤1 进入"手动操纵"的"动作模式"界面，如图3.60所示。

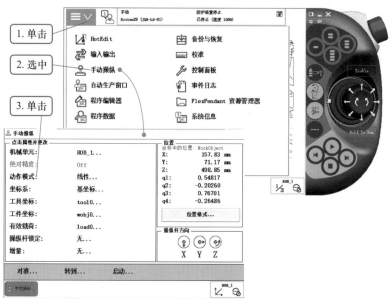

图3.60 进入"手动操纵"的"动作模式"界面

步骤2 选择重定位运动模式，如图3.61所示。

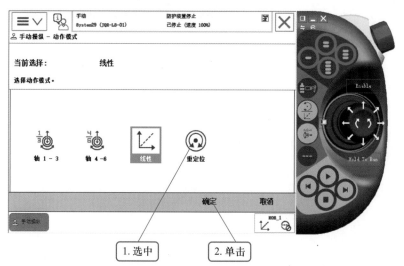

图3.61 选择重定位运动模式

步骤3 查看TCP的X轴、Y轴、Z轴位置信息和操纵杆方向控制，并单击使能器按钮"Enable"，如图3.62所示。

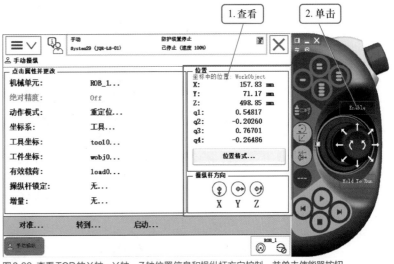

图3.62 查看TCP的X轴、Y轴、Z轴位置信息和操纵杆方向控制，并单击使能器按钮

步骤4 根据操纵杆方向，拨动操纵杆，完成重定位运动，如图3.63所示。

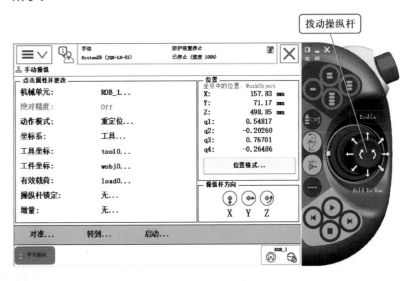

图3.63 完成重定位运动

（2）操作工作站工业机器人进行重定位运动

工作站工业机器人进行重定位运动的操作，步骤1、步骤2与操作虚拟工作站工业机器人进行重定位运动的步骤相同，步骤3和步骤4如下：

步骤3　按下使能器按钮，并在状态栏中确认"电机开启"，如图3.64所示。

图3.64　按下使能器按钮，并在状态栏中确认"电机开启"

步骤4　根据操纵杆方向，拨动操纵杆，完成重定位运动，如图3.65所示。

图3.65　完成重定位运动

3.　快捷切换重定位运动的模式

（1）操作手动运行快捷按钮

通过手动运行快捷按钮（如图3.66所示），可实现线性运动和重定位运动的快速切换。

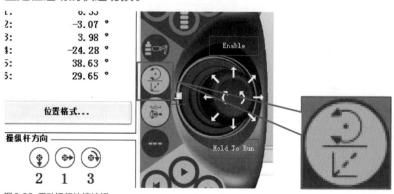

图3.66　手动运行快捷按钮

（2）操作手动运行快捷设置菜单

通过手动运行快捷设置菜单，可对重定位运动模式进行切换，切换的操作步骤如图3.67所示。

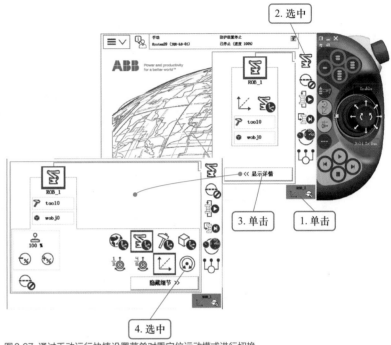

图3.67 通过手动运行快捷设置菜单对重定位运动模式进行切换

任务评价

请将"操作工业机器人重定位运动"的实训过程、实训收获及实训评价填入"实训评价表"。

项目总结

工业机器人的手动操作是通过示教器的操纵杆让工业机器人的一个或多个关节轴转动起来的过程。在本项目中，学习了启动与关闭工业机器人、操作工业机器人单轴运动、操作工业机器人线性运动和操作工业机器人重定位运动4个任务。

在"启动与关闭工业机器人"任务中，学习了工业机器人控制柜和示教器的基本知识，学会了启动和关闭工业机器人，在示教器中查看工业机器人常用信息和事件日志，工业机器人紧急停止后的恢复方法。

在"操作工业机器人单轴运动"任务中，学习了工业机器人的关节轴，学会了正确手持工业机器人的示教器和使用使能器按钮，用示教器手动操作工业机器人进行单轴运动。

在"操作工业机器人线性运动"任务中，学习了工业机器人常用坐标系和增量模式，学会了用示教器手动操作工业机器人进行线性运动，使用增量模式控制工业机器人的运行。

在"操作工业机器人重定位运动"任务中，学习了工业机器人工具数据，学会了设定工业机器人工具数据，用示教器手动操作工业机器人进行重定位运动。

实施工业机器人基本操作思维导图如图3.68所示。

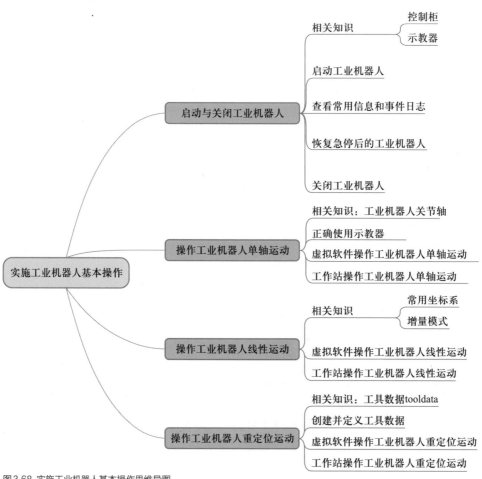

图3.68　实施工业机器人基本操作思维导图

思考与实践

1. 控制柜的按钮或开关有哪些？分别能实现什么功能？
2. 示教器有哪些操作按钮？分别实现什么功能？
3. 工业机器人急停后如何进行恢复？
4. 什么是工业机器人的单轴运动？
5. 使能器分几挡？每挡的作用分别是什么？
6. 什么是工业机器人的线性运动？
7. 什么是工业机器人坐标系？工业机器人常用坐标系有哪些？
8. 什么是工业机器人的重定位运动？
9. 什么是工业机器人的工具数据？

项目4
设置工业机器人
基础通信

◆ 项目目标

- 会配置工业机器人的标准I/O板卡。
- 会定义数字量通信信号。
- 会监控、查看、仿真和强制操作工业机器人的I/O信号。
- 会配置示教器的可编程按键。
- 会使用EIO文件配置工业机器人的I/O信号。

▽ 项目导入

通信是指通过某种行为或媒介，进行信息的交流与传递。随着工业自动化和信息化的融合发展，通信技术已经成为自动化系统中最重要的技术之一。在工业机器人工作站中，通信的任务是连接工业机器人与周边工业设备，如果没有一条高效且可靠的通信链路，那么工业自动化就会变得毫无意义。工业机器人通过控制柜与周边工业设备进行通信，如图4.1所示。

图4.1 工业机器人控制柜中的通信设备

那么，如何设置工业机器人的基础通信呢？让我们一起来做一做，学一学！

项目实施

任务 **1**   配置工业机器人的标准I/O板卡

任务目标

- 知道工业机器人的I/O通信种类。
- 会配置工业机器人的标准I/O板卡。
- 知道工作站工业机器人的数字量I/O信号分配表。
- 会定义数字量通信信号。

任务描述

通过本任务的学习，根据工作任务要求配置工业机器人的标准I/O板卡，定义数字量通信信号。

任务准备 ✏️

1. 工业机器人的I/O通信种类

工业机器人拥有丰富的I/O通信接口，可以轻松地实现与周边工业设备的通信，常见的工业机器人I/O通信种类有标准通信、现场总线通信、数据通信等，如图4.2所示。

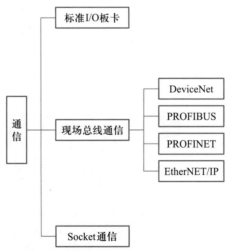

图4.2 常见的工业机器人I/O通信种类

职业延伸 📈

通信就是信息的传递，指由一地向另一地进行信息的传输与交换，其目的是传输消息。工业机器人的通信接口可以实现与周边工业设备的通信。工业机器人与5G技术携手可以形成互联网新生态，为工业4.0打下坚实的基础。

作为新一代移动通信技术，中国的5G技术走在了世界的前列。5G技术满足了传统制造企业智能制造转型对无线网络的应用需求，能满足工业环境下设备互联和远程交互应用需求。在物联网、工业自动化控制、物流追踪、工业AR、云化机器人等工业应用领域，5G技术起着支撑作用。信息化革命浪潮波澜壮阔，机器设备、人和产品等制造元素不再是独立的个体，它们通过工业物联网紧密联系在一起，实现更协调和高效的制造系统。

5G时代的智能工厂将大幅改善劳动条件，减少生产线人工干预，提高生产过程可控性。最重要的是借助信息化技术打通企业的各个流程，实现从设计、生产到销售各个环节的互联互通，并在此基础上实现资源的整合优化，从而进一步提高企业的生产效率和产品质量。

2. 工业机器人的标准I/O板卡

工业机器人的标准I/O板卡是基于DeviceNet通信总线协议来实现工业机器人与周边工业设备之间的通信。它提供的通信信号有数字量输入信号、数字量输出信号、数字量组输入信号、数字量组输出信号、模拟量输入信号和模拟量输出信号等。常用的标准I/O板卡有DSQC651、DSQC652、DSQC653和DSQC355A等，见表4.1。

表4.1 常用的标准I/O板卡

型号	说明
DSQC651	分布式I/O模块 8位数字量输出信号、8位数字量输入信号、2位模拟量输出信号
DSQC652	分布式I/O模块 16位数字量输出信号、16位数字量输入信号
DSQC653	分布式I/O模块 8位数字量输出信号、8位数字量输入信号（带继电器）
DSQC355A	分布式I/O模块 4位模拟量输入信号、4位模拟量输出信号

工业机器人的标准I/O板卡之间大同小异，其中DSQC652标准I/O板卡主要提供16位数字量输入信号和16位数字量输出信号的处理，其结构如图4.3所示。

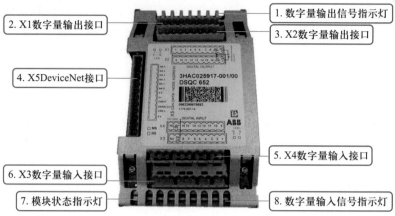

1. 数字量输出信号指示灯
2. X1数字量输出接口
3. X2数字量输出接口
4. X5DeviceNet接口
5. X4数字量输入接口
6. X3数字量输入接口
7. 模块状态指示灯
8. 数字量输入信号指示灯

图4.3 DSQC652标准I/O板卡

DSQC652标准I/O板卡的X1～X5模块接口连接说明如下：

（1）X1数字量输出接口

X1数字量输出接口包括8位数字量输出，地址分配见表4.2。

表4.2 DSQC652标准I/O板卡的X1数字量输出接口地址分配

编号	使用定义	地址分配
1	OUTPUT CH1	0
2	OUTPUT CH2	1
3	OUTPUT CH3	2
4	OUTPUT CH4	3
5	OUTPUT CH5	4
6	OUTPUT CH6	5
7	OUTPUT CH7	6
8	OUTPUT CH8	7
9	0V	—
10	24V	—

（2）X2数字量输出接口

X2数字量输出接口包括8位数字量输出，地址分配见表4.3。

表4.3 DSQC652板卡的X2数字量输出接口地址分配

编号	使用定义	地址分配
1	OUTPUT CH1	8
2	OUTPUT CH2	9
3	OUTPUT CH3	10
4	OUTPUT CH4	11
5	OUTPUT CH5	12
6	OUTPUT CH6	13
7	OUTPUT CH7	14
8	OUTPUT CH8	15
9	0V	—
10	24V	—

（3）X3数字量输入接口

X3数字量输入接口包括8位数字量输入，地址分配见表4.4。

表4.4 DSQC652板卡的X3数字量输入接口地址分配

编号	使用定义	地址分配
1	INPUT CH1	0
2	INPUT CH2	1
3	INPUT CH3	2
4	INPUT CH4	3
5	INPUT CH5	4
6	INPUT CH6	5
7	INPUT CH7	6
8	INPUT CH8	7
9	0V	—
10	24V	—

（4）X4数字量输入接口

X4数字量输入接口包括8位数字量输入，地址分配见表4.5。

表4.5　DSQC652标准I/O板卡的X4数字量输入接口地址分配

编号	使用定义	地址分配
1	INPUT CH1	8
2	INPUT CH2	9
3	INPUT CH3	10
4	INPUT CH4	11
5	INPUT CH5	12
6	INPUT CH6	13
7	INPUT CH7	14
8	INPUT CH8	15
9	0V	—
10	24V	—

（5）X5接口

DSQC652标准I/O板卡是下挂在DeviceNet现场总线下的设备，可以通过X5接口与DeviceNet现场总线进行通信，接口的使用定义见表4.6。

表4.6　DSQC652标准I/O板卡的X5接口的使用定义

编号	使用定义
1	0V（黑色）
2	CAN信号线low（蓝色）
3	屏蔽线
4	CAN信号线high（蓝色）
5	24V（红色）
6	GND地址选择公共端
7	模块ID bit0（LSB）
8	模块ID bit1（LSB）

编号	使用定义
9	模块ID bit2（LSB）
10	模块ID bit3（LSB）
11	模块ID bit4（LSB）
12	模块ID bit5（LSB）

DSQC652标准I/O板卡的X5接口共有12位，其中第1号～第5号接口为DeviceNet接线接口，第6号～第12号接口用来决定板卡在总线中的地址，可用范围为10～63。其中，第6号接口为公共端，第7号～第12号接口分别对应的数字为1、2、4、8、16、32。例如，板卡出厂时会默认将第8号（对应数字2）接口和第10号（对应数字8）接口的跳线剪断，因此板卡的默认地址为2（第8号接口）+8（第10号接口）=10，接线方式如图4.4所示。

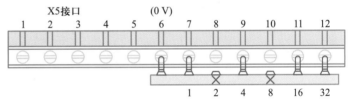

图4.4 板卡地址为10的接线方式

3. 工业机器人的数字量I/O信号分配表

DSQC652标准I/O板卡提供16位数字量输入信号和16位数字量输出信号，工作站中控制功能分配如下：

（1）数字量输入信号的分配见表4.7。

表4.7 数字量输入信号的分配

I/O板卡地址	信号名称（DI）	功能表述	对应关系	对应I/O
4	i4	继续	PLC	Q12.4
5	i5	急停	PLC	Q12.5
6	i6	模式切换	PLC	Q12.6
7	i7	PLC检测结果	PLC	Q12.7
8	i8	真空检知（双）	工具	—

I/O 板卡地址	信号名称（DI）	功能表述	对应关系	对应 I/O
9	i9	真空检知（单）	工具	—
10	i10	复位	PLC	Q8.0
11	i11	螺钉到位	工具	—
12	i12	扭矩检知	工具	—
13	i13	视觉结果	CCD	OR
14	i14	视觉完成	CCD	GATE
15	i15	视觉运行	CCD	READY

（2）数字量组输入信号的分配见表4.8。

表4.8 数字量组输入信号的分配

I/O 板卡地址	信号名称（GI）	功能表述	对应关系	对应 I/O
0 ~ 3	gi1	组输入信号1	PLC	Q12.0 ~ Q12.3

（3）数字量输出信号的分配见表4.9。

表4.9 数字量输出信号的分配

I/O 板卡地址	信号名称（DO）	功能表述	对应关系	对应 I/O
3	o3	破真空（单）	工具	—
4	o4	码垛夹爪	工具	—
5	o5	吹螺钉	工具	—
6	o6	打螺钉	工具	—
7	o7	快换装置	工具	—
8	o8	吸真空（双）	工具	—
9	o9	吸真空（单）	工具	—
10	o10	允许拍照	CCD	STEP0
15	o15	场景确认	CCD	DI7

（4）数字量组输出信号的分配见表4.10。

表4.10 数字量组输出信号的分配

I/O板卡地址	信号名称（GO）	功能表述	对应关系	对应I/O
0 ~ 2	go1	组输出信号1	PLC	Q12.0 ~ Q12.3
11 ~ 14	go2	视觉	CCD	DI0 ~ DI3

任务实施

1. 配置DSQC652标准I/O板卡

工业机器人与周边工业设备之间需要标准I/O板卡作为通信链路来进行数据交换，配置DSQC652标准I/O板卡的操作步骤如下：

配置标准I/O板卡

步骤1 选中"控制面板"，进入"控制面板"界面；选中"配置"，进入"配置"面，如图4.5所示。

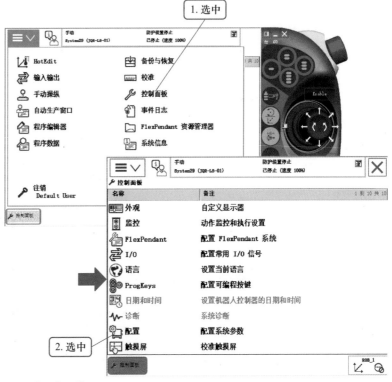

图4.5 进入"配置"界面

步骤2　添加DSQC652标准I/O板卡，如图4.6所示。

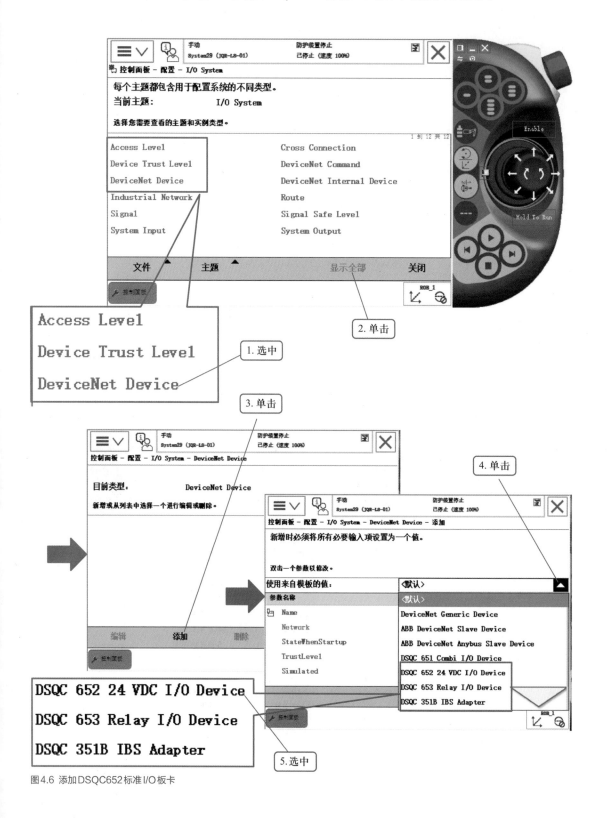

图4.6 添加DSQC652标准I/O板卡

步骤3　修改地址参数，如图4.7所示。

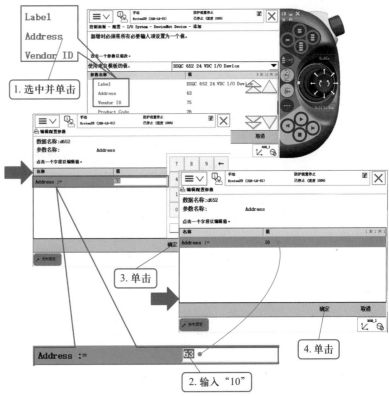

图4.7　修改地址参数

步骤4　地址参数修改完成，示教器出现图4.8所示界面，单击"确定"按钮，重启工业机器人系统。

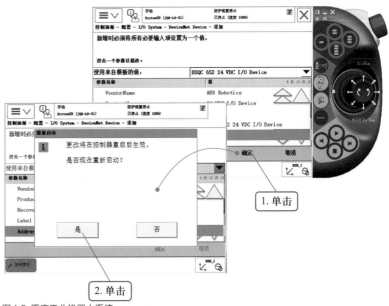

图4.8　重启工业机器人系统

2. 定义数字量I/O信号

完成标准I/O板卡的配置之后，需要定义数字量I/O信号，使数字量I/O信号的名称和标准I/O板卡地址相对应，以数字量输出信号"o7"为例，操作步骤如下：

步骤1 进入"配置"界面，如图4.9所示。

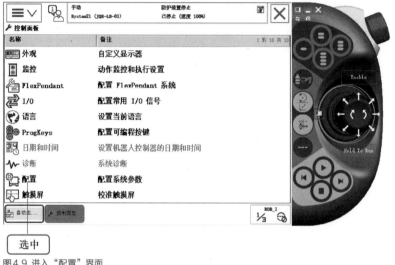

图4.9 进入"配置"界面

步骤2 添加I/O信号，如图4.10所示。

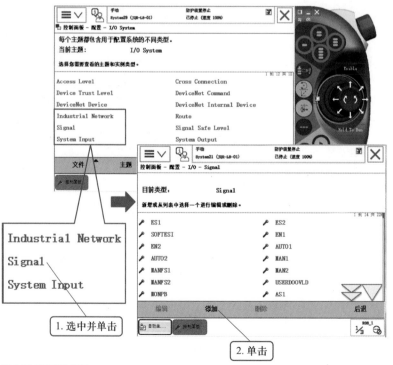

图4.10 添加I/O信号

步骤3 设置信号名称，如图4.11所示。

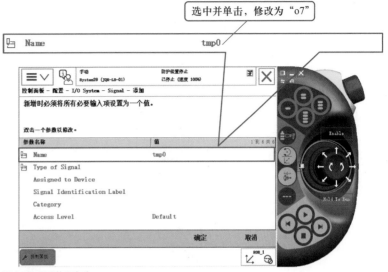

图4.11 设置信号名称

步骤4 设置信号类型，如图4.12所示。

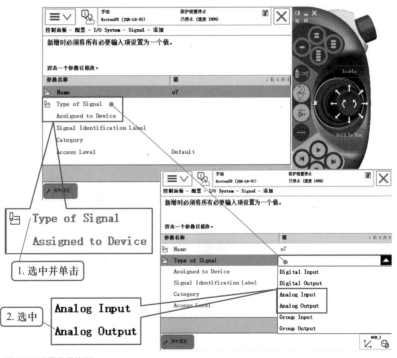

图4.12 设置信号类型

步骤5　设置设备分配，如图4.13所示。

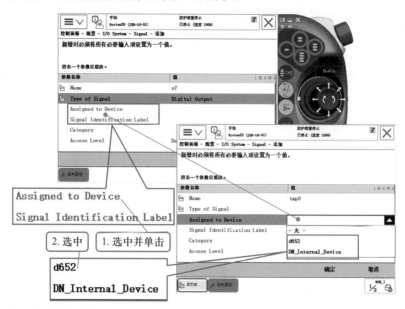

图4.13　设置设备分配

步骤6　设置信号地址，如图4.14所示。

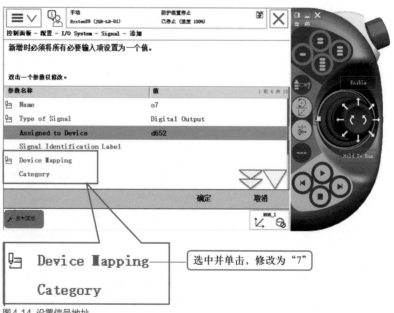

图4.14　设置信号地址

步骤7　完成信号设置，示教器出现图4.15所示界面，单击"确定"按钮，重启工业机器人系统。

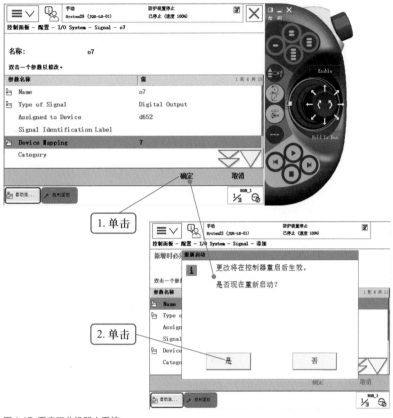

图4.15　重启工业机器人系统

注意：当工业机器人需要定义多个通信信号时，在重启工业机器人系统时可选择"否"，等待全部信号定义完成后，再单击"是"选项，等待工业机器人系统重启后，即可完成信号的定义。

任务评价

请将"配置工业机器人的标准I/O板卡"的实训过程、实训收获及实训评价填入"实训评价表"。

任务 2 　　　　操作工业机器人的I/O信号

任务目标
- 会监控和查看工业机器人的I/O信号。
- 会仿真和强制操作工业机器人的I/O信号。
- 会配置示教器的可编程按键。
- 会使用EIO文件配置工业机器人的I/O信号。

任务描述

通过本任务的学习，监控、查看、仿真和强制操作工业机器人的I/O信号，配置示教器的可编程按键，使用EIO文件配置工业机器人的I/O信号。

任务实施

1. 监控和查看工业机器人的I/O信号

在调试工业机器人的RAPID程序时，需要监控和查看I/O信号来判断工业机器人和周边工业设备间的通信状态，操作步骤如下：

步骤1　进入"输入输出"界面，如图4.16所示。

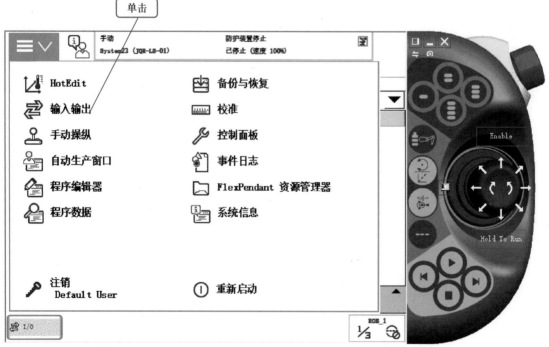

图4.16 进入"输入输出"界面

步骤2 选择信号视图,如图4.17所示。

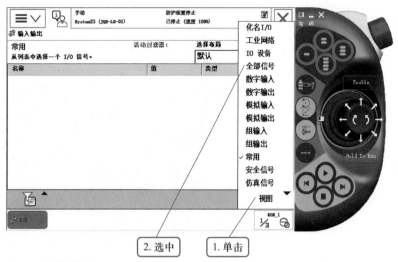

图4.17 选择信号视图

示教器进入监控和查看信号状态,如图4.18所示。

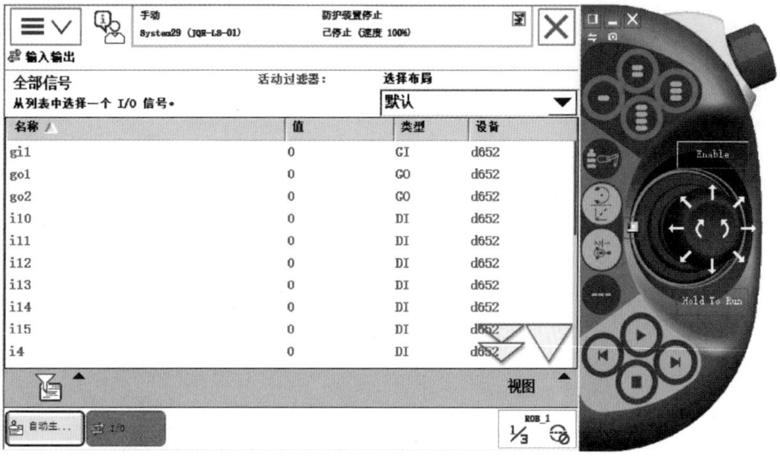

图4.18 监控和查看信号状态

2. 仿真和强制操作工业机器人的I/O信号

在调试工业机器人的RAPID程序时,需要仿真和强制操作I/O信号来控制工业机器人和周边工业设备,以安装涂胶工具为例,操作步骤如下:

步骤1 手动安装涂胶工具。

（1）手持涂胶工具手动安装，如图4.19所示。

图4.19 手持涂胶工具手动安装

（2）置位数字量输出信号，如图4.20所示。

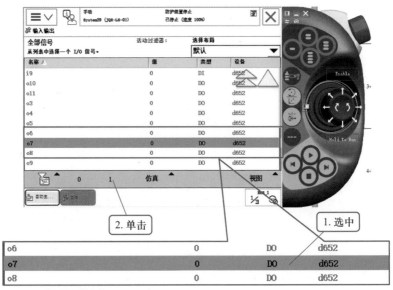

图4.20 置位数字量输出信号

（3）观察涂胶工具安装情况，完成涂胶工具手动安装，如图4.21所示。

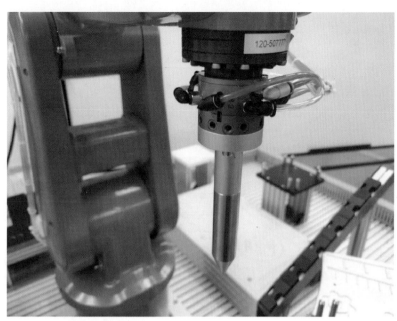

图4.21 完成涂胶工具手动安装

步骤2　手动拆卸涂胶工具。

（1）手持涂胶工具手动拆卸，如图4.22所示。

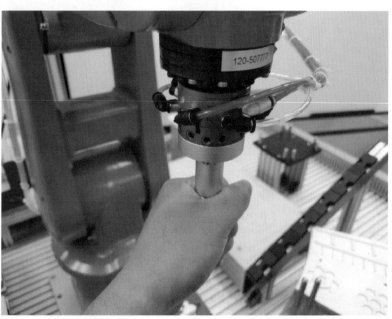

图4.22 手持涂胶工具手动拆卸

（2）复位数字量输出信号，如图4.23所示。

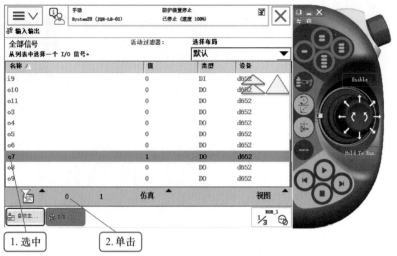

1. 选中　　　　2. 单击

图4.23 复位数字量输出信号

（3）观察涂胶工具拆卸情况，完成涂胶工具手动拆卸，如图4.24所示。

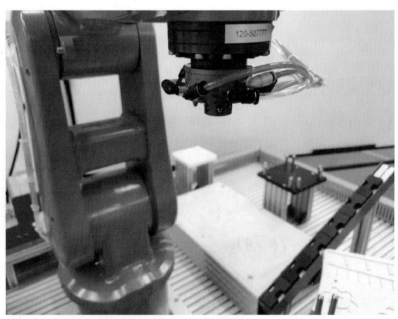

图4.24 完成涂胶工具手动拆卸

3. 配置示教器的可编程按键

示教器的可编程按键（即前面提到的可编程按钮）如图4.25所示，共有4个，编号为1～4。在使用可编程按键之前，需要为其关联I/O信号才可操作。

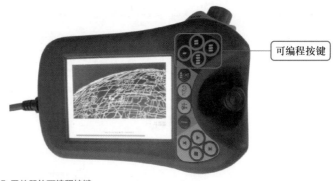

图4.25 示教器的可编程按键

配置示教器可编程按键的操作步骤如下：

步骤1　进入"配置可编程按键"界面，如图4.26所示。

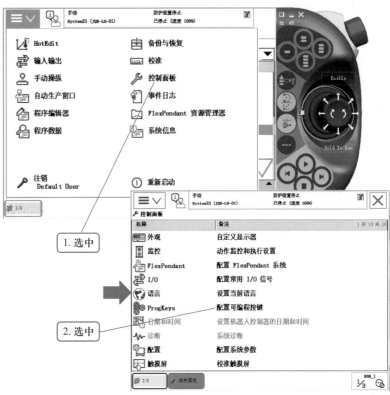

图4.26 进入"配置可编程按键"界面

步骤2　选择按键类型,如图4.27所示。

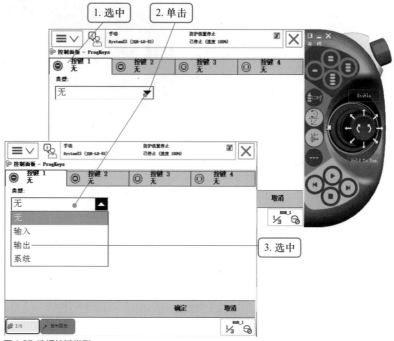

图4.27 选择按键类型

步骤3　选择按下按键作用,如图4.28所示。

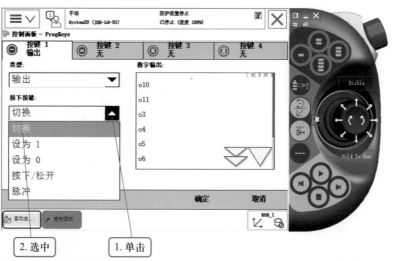

图4.28 选择按下按键作用

步骤4　选择数字量输出信号，如图4.29所示。

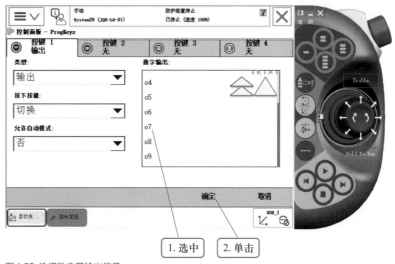

图4.29　选择数字量输出信号

步骤5　按下可编程按键1，观察快换装置状态变化，验证可编程按键功能，如图4.30所示。

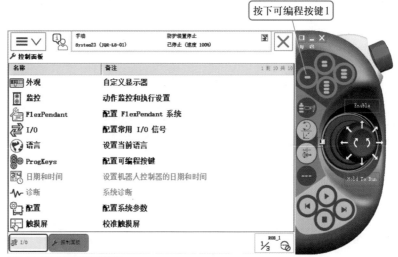

图4.30　验证可编程按键功能

4. 利用EIO文件配置I/O信号

工业机器人将I/O信号的配置信息保存在EIO文件中。因此，只需对EIO文件进行编辑，系统就能够按照文件中的分配方式快速对I/O信号进行分配，极大地节省了定义通信信号的时间。

在导出EIO文件之前，先在示教器中完成DSQC652标准I/O板卡的配置，并任意定义一个数字量信号，作为EIO文件模板，再通过计算机的记事本进行编辑，最后将编辑好的 EIO 文件导入工业机器人，快速完成 I/O 信号的分配。

导出工业机器人 EIO 文件的操作步骤如下：

步骤1　进入"配置"界面，如图4.31所示。

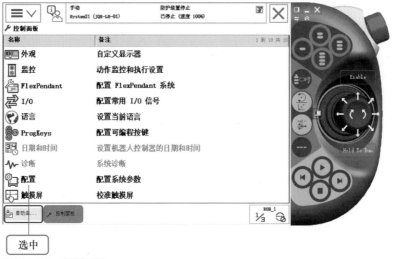

图4.31 进入"配置"界面

步骤2　另存为"EIO文件"，如图4.32所示。

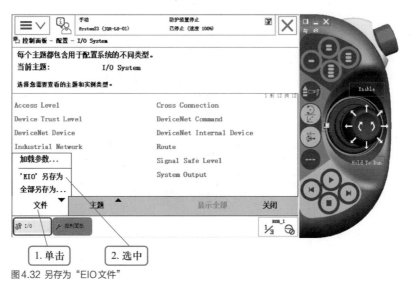

图4.32 另存为"EIO文件"

步骤3 选择合适位置，如D盘，保存EIO文件，如图4.33所示。

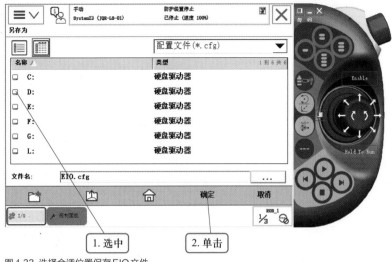

图4.33 选择合适位置保存EIO文件

导出EIO文件完成后，在D盘下找到EIO.cfg，以记事本方式打开该文件，将得到图4.34所示的EIO文件模板。

```
EIO:CFG_1.0:6:1::
#
INDUSTRIAL_NETWORK:

    -Name "DeviceNet" -Label "DeviceNet Master/Slave Network" -Address "2"
#
DEVICENET_DEVICE:

    -Name "d652" -VendorName "ABB Robotics" -ProductName "24 VDC I/O Device"\
    -Label "DSQC 652 24 VDC I/O Device" -Address 10 -ProductCode 26\
    -DeviceType 7 -ConnectionType "COS" -OutputSize 2 -InputSize 2
#
DEVICENET_INTERNAL_DEVICE:

    -Name "DN_Internal_Device" -VendorName "ABB Robotics"\
    -ProductName "DeviceNet Internal Slave Device"
#
EIO_SIGNAL:

    -Name "o7" -SignalType "DO" -Device "d652" -DeviceMap "7"
```

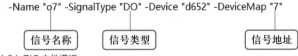

图4.34 EIO文件模板

用户根据I/O分配表，修改信号名称、信号类型和信号地址，即可完成I/O信号的定义，编辑后的完整I/O信号分配如图4.35所示。

-Name "go1" -SignalType "GO" -Device "d652" -DeviceMap "0-2"
-Name "o3" -SignalType "DO" -Device "d652" -DeviceMap "3"
-Name "o4" -SignalType "DO" -Device "d652" -DeviceMap "4"
-Name "o5" -SignalType "DO" -Device "d652" -DeviceMap "5"
-Name "o6" -SignalType "DO" -Device "d652" -DeviceMap "6"
-Name "o7" -SignalType "DO" -Device "d652" -DeviceMap "7"
-Name "o8" -SignalType "DO" -Device "d652" -DeviceMap "8"
-Name "o9" -SignalType "DO" -Device "d652" -DeviceMap "9"
-Name "o10" -SignalType "DO" -Device "d652" -DeviceMap "10"
-Name "go2" -SignalType "GO" -Device "d652" -DeviceMap "11-14"
-Name "o11" -SignalType "DO" -Device "d652" -DeviceMap "15"
-Name "gi1" -SignalType "GI" -Device "d652" -DeviceMap "0-3"
-Name "i4" -SignalType "DI" -Device "d652" -DeviceMap "4"
-Name "i5" -SignalType "DI" -Device "d652" -DeviceMap "5"
-Name "i6" -SignalType "DI" -Device "d652" -DeviceMap "6"
-Name "i7" -SignalType "DI" -Device "d652" -DeviceMap "7"
-Name "i8" -SignalType "DI" -Device "d652" -DeviceMap "8"
-Name "i9" -SignalType "DI" -Device "d652" -DeviceMap "9"
-Name "i10" -SignalType "DI" -Device "d652" -DeviceMap "10"
-Name "i11" -SignalType "DI" -Device "d652" -DeviceMap "11"
-Name "i12" -SignalType "DI" -Device "d652" -DeviceMap "12"
-Name "i13" -SignalType "DI" -Device "d652" -DeviceMap "13"
-Name "i14" -SignalType "DI" -Device "d652" -DeviceMap "14"
-Name "i15" -SignalType "DI" -Device "d652" -DeviceMap "15"

图4.35 编辑后的完整I/O信号分配

完成通信信号的定义以后，需要将EIO文件导入工业机器人，操作步骤如下：

步骤1 进入"配置"界面，如图4.36所示。

图4.36 进入"配置"界面

步骤2　选择加载参数,如图4.37所示。

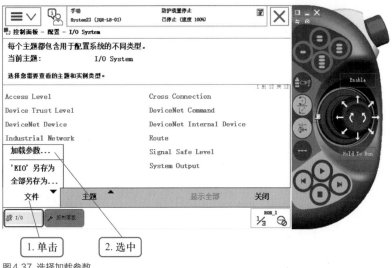

图4.37　选择加载参数

步骤3　选择加载模式,如图4.38所示。

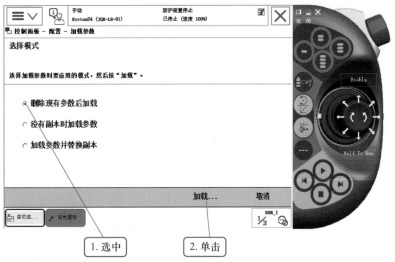

图4.38　选择加载模式

步骤4　找到EIO文件,完成加载,如图4.39所示。

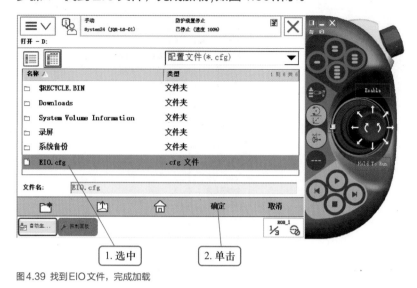

图4.39　找到EIO文件,完成加载

任务评价

请将"操作工业机器人的I/O信号"的实训过程、实训收获及实训评价填入"实训评价表"。

📎项目总结

在工业机器人工作站中,通信的任务是连接工业机器人与周边工业设备。在本项目中,学习了"配置工业机器人的标准I/O板卡"和"操作工业机器人的I/O信号"2个任务。

在"配置工业机器人的标准I/O板卡"任务中,学习了工业机器人的I/O通信种类和标准I/O板卡,学会了配置DSQC652标准I/O板卡和定义数字量通信信号。

在"操作工业机器人的I/O信号"任务中,学会了监控、查看、仿真和强制操作工业机器人的I/O信号,配置示教器的可编程按键,利用EIO文件配置I/O信号。

设置工业机器人基础通信思维导图如图4.40所示。

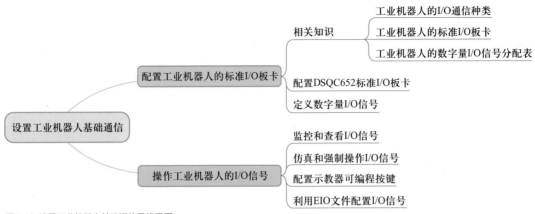

图4.40 设置工业机器人基础通信思维导图

思考与实践

1. 工业机器人的DSQC652标准I/O板卡主要提供几位数字量输入信号和几位数字量输出信号的处理?

2. 数字量输入信号的地址可选范围是多少?

3. 数字量组输出信号占用3个地址时，可代表的最大十进制数是多少?

4. 工业机器人I/O信号的种类有哪些?

5. 工业机器人的DSQC652标准I/O板卡的基本结构有哪些?

项目5

涂胶轨迹

◇ **项目目标**

- 知道RAPID编程语言和程序架构。
- 会使用绝对位置、关节、线性和圆弧运动指令设计涂胶轨迹。
- 会设置常用运动指令的位置数据、速度数据和转角区域数据。
- 会编写与调试复杂轨迹的RAPID程序。
- 会使用工具快换装置拆装涂胶工具。

▽ **项目导入**

工业机器人的应用领域十分广泛，如外壳涂胶、物料码垛和芯片分拣等。当它参与工业生产时，不仅可以提高产品质量，还可以节省人力资源，提高生产效率。因此，只要有劳动力需求的地方，就会有工业机器人的身影。外壳涂胶是工业机器人的典型应用之一，图5.1所示为工业机器人进行汽车车窗边框的涂胶工作。

图5.1 工业机器人进行汽车车窗边框的涂胶工作

那么，如何编写和调试RAPID程序控制工业机器人涂胶轨迹呢？让我们一起来做一做，学一学！

项目实施

任务 **1** 使用运动指令转动各关节轴至机械原点

任务目标

- 知道RAPID编程语言和程序架构。
- 会建立程序模块及例行程序。
- 会使用绝对位置运动指令控制工业机器人转动各关节轴至机械原点。
- 会在手动运行模式下调试RAPID程序。

任务描述

通过本任务的学习，建立程序模块及例行程序，使用绝对位置运动指令控制工业机器人转动各关节轴至机械原点，在手动运行模式下调试RAPID程序。

任务准备 🖊

1. 涂胶工业机器人

在工业生产中，涂胶是一种将胶浆均匀地涂覆到织物、纸盒或者皮革表面上的工艺。如在汽车制造工厂，需要在总装车间完成前、后车窗玻璃的涂胶及装配工序，而装配品质由涂胶质量及安装质量共同决定，涂胶及装配质量不仅影响整车的降噪、防漏水品质，还直接影响用户对整车的感觉，所以越来越多的总装车间采用工业机器人完成涂胶及装配工作。

工业机器人玻璃涂胶安装工作站，能提高生产工艺的自动化程度；较传统的人工玻璃安装工艺至少可以提高20%的生产效率；降低工人的劳动强度；提高涂胶及装配质量；还可以节约10%的原料，能够保证胶形控制精度为±0.5mm，安装精度为±0.8mm，保证了车窗玻璃装配质量的稳定性。

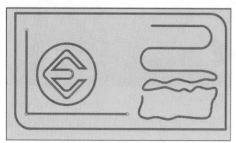

图5.2 常见的固定轨迹

工作站中的涂胶单元是将工业机器人对产品装配前的涂胶工艺进行功能模型化，仅是利用工业机器人抓持涂胶工具，使笔尖能够沿着涂胶单元平面轨迹板上的固定轨迹进行移动。常见的固定轨迹如图5.2所示。

2. RAPID编程语言

RAPID是ABB公司针对用户示教编程所开发的一种基于计算机的高级编程语言，它把一连串控制工业机器人的指令，人为有序地组织起来。通过执行RAPID程序，可以实现工业机器人运动、控制I/O通信、执行逻辑运算等功能。

3. RAPID程序架构

工业机器人的RAPID程序由系统模块和程序模块组成，每个模块中可以建立若干个程序，其基本架构如图5.3所示。

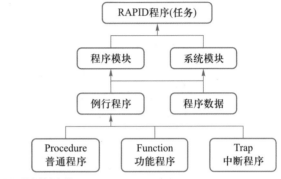

图5.3 RAPID程序基本架构

RAPID程序也称任务，由若干程序模块和系统模块组成，其模块界面如图5.4所示。系统模块则用于系统方面的控制，默认生成的系统模块有user与BASE。程序模块需要手动新建，Module1、Module2和Module3就是新建的程序模块。

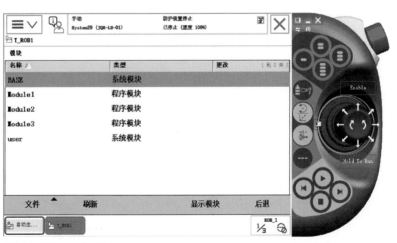

图5.4 RAPID程序的模块界面

在设计工业机器人程序时，可以根据不同的用途创建不同的程序模块，目的在于方便归类和管理不同用途的例行程序与数据。

每一个模块可包括程序数据、普通程序、中断程序和功能程序4种对象，但不一定在每个模块中4种全部都有，且各模块的程序数据、普通程序、中断程序和功能程序都能互相调用。如图5.5所示，main()、Routine1()、Routine2()和Routine3()是普通程序，类型为"Procedure"；Routine4()和Routine5()为功能程序，类型为"Function"；Routine6为中断程序，类型为"Trap"。

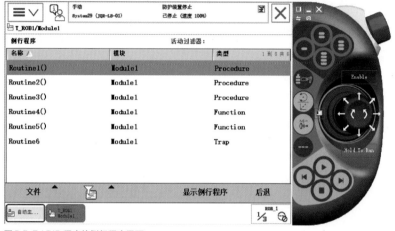

图5.5 RAPID程序的例行程序界面

在RAPID程序中，只能有一个主程序main，可存在于任意一个程序模块中，并且是整个RAPID程序执行的起点。

4. 绝对位置运动指令MoveAbsJ

运动指令用以控制工业机器人按一定轨迹运动到指定位置。常用运动指令主要有绝对位置运动指令（MoveAbsJ）、关节运动指令（MoveJ）、线性运动指令（MoveL）和圆弧运动指令（MoveC）。

绝对位置运动指令是指示工业机器人参照6个关节轴的角度值进行运动。常用于工业机器人6个关节轴回到机械原点等。

如：MoveAbsJ Home\NoEOffs,v1000,z50,tool0;

MoveAbsJ指令解析见表5.1。

表5.1 MoveAbsJ指令解析

参数	定义	操作说明
Home	关节位置数据Home	定义机器人TCP的运动目标

续表

参数	定义	操作说明
\NoEOffs	外轴不带偏移数据（可省略）	—
v1000	运动速度数据1000 mm/s	定义机器人TCP的移动速度
z50	转角区域数据50 mm	定义机器人TCP的转角区域大小
tool0	工具坐标数据tool0	定义当前指令使用的工具

工业机器人的机械零点位置参数见表5.2。

表5.2 工业机器人的机械零点位置参数

参数名称	参数值
rax_1	0
rax_2	0
rax_3	0
rax_4	0
rax_5	0
rax_6	0

5. 关节位置数据jointtarget

关节位置数据用于存储工业机器人每个关节轴的角度位置。通过MoveAbsJ可以使工业机器人各关节轴旋转至指定角度。

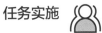

任务实施

1. 建立程序模块及例行程序

在例行程序中编写RAPID程序之前，需要先建立程序模块及例行程序，操作步骤如下：

步骤1　进入"程序编辑器"界面，如图5.6所示。

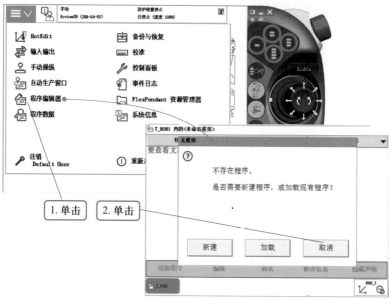

图5.6 进入"程序编辑器"界面

步骤2　新建程序模块，如图5.7所示。

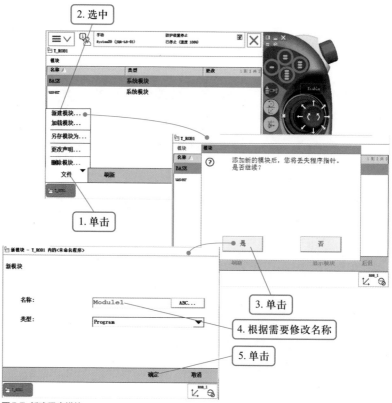

图5.7 新建程序模块

步骤3 进入"例行程序"界面，如图5.8所示。

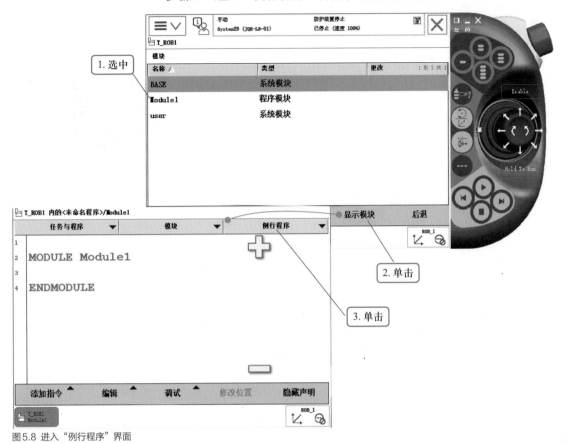

图5.8 进入"例行程序"界面

步骤4　新建例行程序，如图5.9所示。

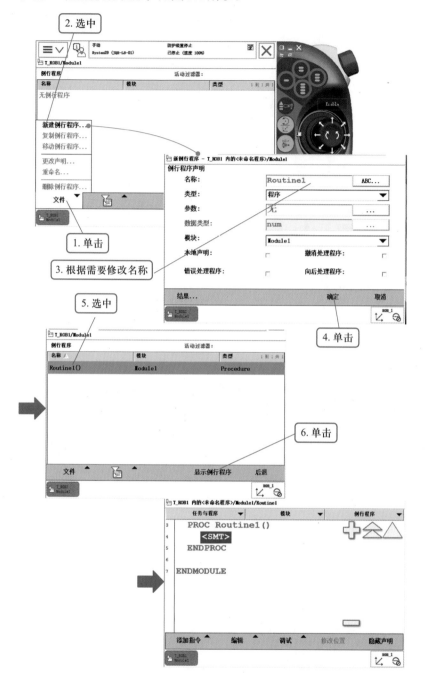

图5.9 新建例行程序

2. 使用运动指令转动各关节轴至机械原点

完成程序模块及例行程序创建后，编写RAPID程序控制工业机器人转动各关节轴至机械原点。

参考程序如下：

```
proc routine1()
    MoveAbsJ home\NoEOffs,v1000,z50,tool0;
endproc
```

使用运动指令转动各关节轴至机械原点的操作步骤如下：

步骤1　添加绝对位置关节指令，如图5.10所示。

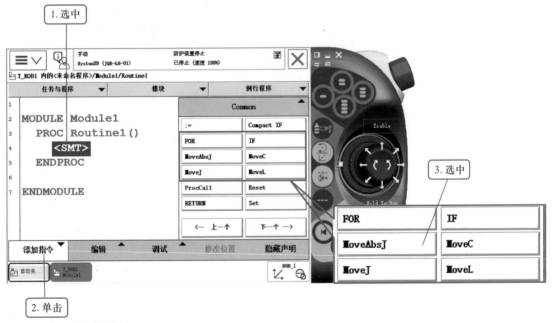

图5.10　添加绝对位置关节指令

步骤2 修改关节位置数据，如图5.11所示。

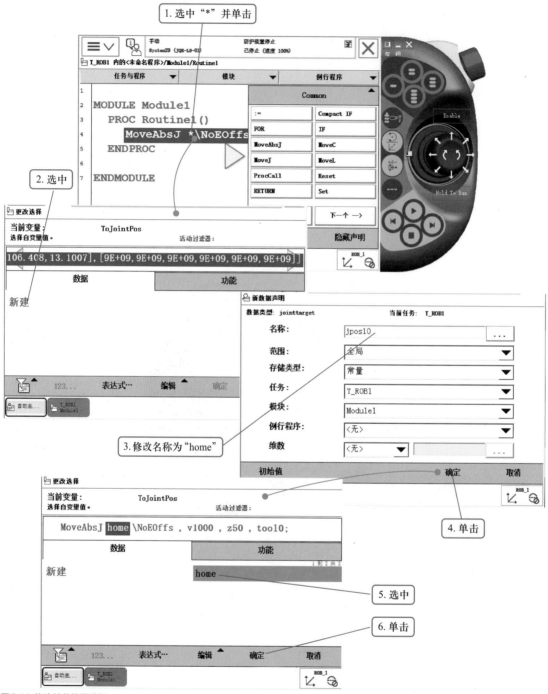

图5.11 修改关节位置数据

步骤3 修改关节位置数据参数，如图5.12所示。

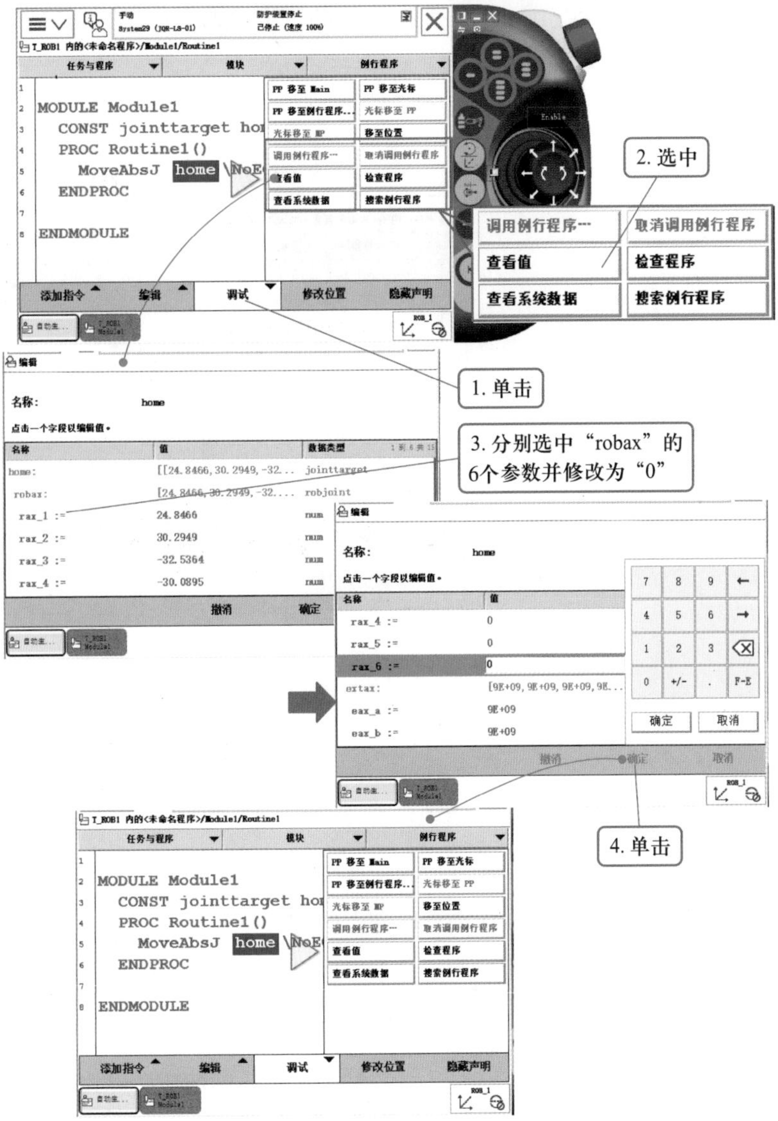

图5.12 修改关节位置数据参数

在新建关节位置数据home后，例行程序中会自动生成如下指令：

CONST jointtarget home:=[[0,0,0,0,0,0],[0,9E9,9E9,9E9, 9E9,9E9]];

工业机器人将机械原点的6个关节数据，以常量存储到关节位置数据jointtarget中，并取名为home。

3. 手动运行模式下调试程序

在建立好程序模块和所需的例行程序后，便可进行程序编辑。完成编辑程序后，需要对编辑好的程序语句进行调试，检查是否正确。此时，就需要用到程序调试控制按钮来对工业机器人系统进行控制。调试的方法分为单步执行程序语句和连续执行程序语句，如图5.13所示。

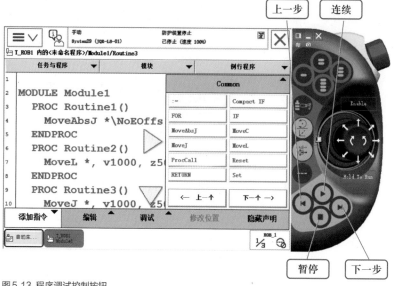

图5.13 程序调试控制按钮

（1）连续：单击此按钮，可以连续执行程序语句，直到程序结束。

（2）上一步：单击此按钮，执行当前程序语句的上一语句，单击一次向上执行一句。

（3）下一步：单击此按钮，执行当前程序语句的下一语句，单击一次向下执行一句。

（4）暂停：单击此按钮，停止当前程序语句的执行。

在手动运行模式下，可以通过程序调试控制按钮"上一步"和"下一步"，对工业机器人进行程序的单步调试。单步调试确认无误后，便可选择程序调试控制按钮"连续"，对程序进行连续调试。

手动运行模式下调试程序的操作步骤如下：

步骤1 进入"程序调试"界面，如图5.14所示。

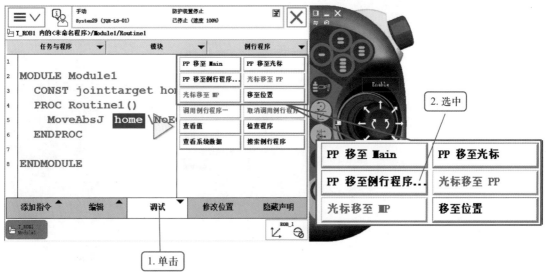

图5.14 进入"程序调试"界面

步骤2 选择需要调试的例行程序，如图5.15所示。

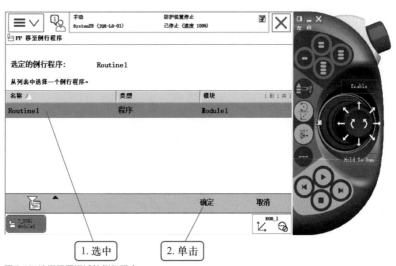

图5.15 选择需要调试的例行程序

步骤3 调试例行程序，如图5.16所示。

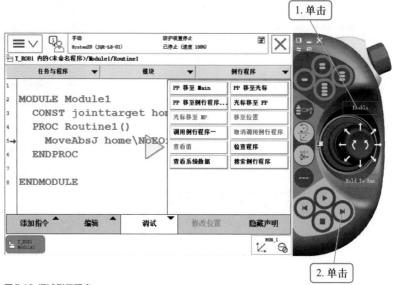

图5.16 调试例行程序

通过执行RAPID程序，工业机器人姿态在程序调试前后的变化如图5.17所示。

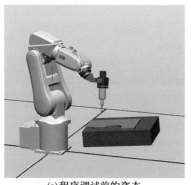

(a)程序调试前的姿态

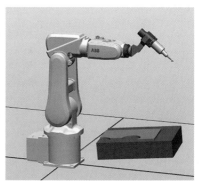

(b)程序调试后的姿态

图5.17 工业机器人姿态变化

注意：在手动模式下调试程序的时候，需要时刻观察工业机器人的位置变化，判断轨迹的设置是否合理，以及工业机器人是否会发生碰撞等。

任务评价

请将"使用运动指令转动各关节轴至机械原点"的实训过程、实训收获及实训评价填入"实训评价表"。

任务 2 使用运动指令完成多点间的运动

任务目标

- 会设置运动指令的位置数据、速度数据和转角区域数据。
- 会使用关节运动指令和线性运动指令控制工业机器人完成多点间的运动。

任务描述

通过本任务的学习，设置运动指令的位置数据、速度数据和转角区域数据，使用关节运动指令和线性运动指令控制工业机器人完成多点间的运动和示教矩形轨迹。

任务准备

1. 关节运动指令 MoveJ

关节运动指令是在对工业机器人路径精度要求不高的情况下，指示工业机器人的TCP，以移动路径不一定是直线的方式，从起点运动到目标位置。它的优点是不易在运动过程中出现关节轴进入机械死点的问题，运动路径如图5.18实线所示。

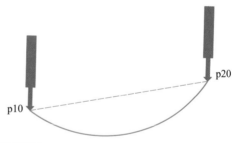

图5.18 关节运动路径示意图

如：MoveJ p20,v1000,z50,tool0;

MoveJ指令解析见表5.3。

表5.3 MoveJ指令解析

参数	定义	操作说明
p20	位置数据p20	定义机器人TCP的运动目标
v1000	运动速度数据1000mm/s	定义机器人TCP的速度
z50	转角区域数据50mm	定义机器人TCP的转角区域大小
tool0	工具坐标数据tool0	定义当前指令使用的工具

2. 线性运动指令MoveL

线性运动指令是指示工业机器人的TCP，以移动路径为直线的方式，从起点运动到目标位置。在此运动指令下，工业机器人运动状态可控，运动路径保持唯一。一般用于对路径精度要求较高的场合，运动路径如图5.19所示。

图5.19 线性运动路径示意图

如：MoveL p30,v1000,z50,tool0;

MoveL指令解析见表5.4。

表5.4 MoveL指令解析

参数	定义	操作说明
p30	位置数据p30	定义机器人TCP的运动目标
v1000	运动速度数据 1000mm/s	定义机器人TCP的速度
z50	转角区域数据 50mm	定义机器人TCP的转角区域大小
tool0	工具坐标数据tool0	定义当前指令使用的工具

3. 位置数据robtarget

位置数据用于存储工业机器人的位置等相关参数，是在运动指令中，工业机器人将要运动到的目标位置。

4. 转角区域数据zonedata

转角区域数据用于描述工业机器人TCP如何接近编程位置，可以以停止点或飞越点的形式来终止当前正在执行的指令。

停止点要求工业机器人必须到达指定位置后才能执行下一条指令，使用的转角区域数据为fine。飞越点要求工业机器人在到达指定位置之前以圆弧的轨迹转向下一个指定位置，常用的转角区域数据有z20、z50等。设置飞越点可以使工业机器人的运动轨迹更加圆滑。

5. 速度数据speeddata

速度数据用于存储工业机器人运动时的速度等相关参数，定义了TCP移动时的速度和工具的重定位速度等。

常用的速度数据有v20、v50、v200和v1000等。一般情况下，涂胶工艺的模拟出胶过程，应采用较为缓慢的速度运动。

任务实施

使用运动指令完成两点间的运动

1. 使用运动指令完成两点间的运动

在虚拟工业机器人工作站中，使用关节运动指令和线性运动指令，控制虚拟工业机器人完成两点间的运动，p10和p20的位置如图5.20所示。

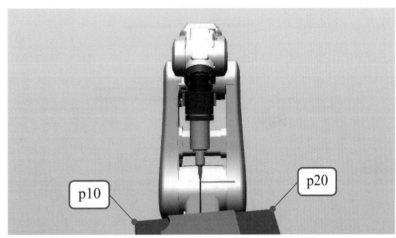

图5.20 p10和p20的位置

参考程序如下：

```
proc routine1()
    MoveAbsJ home\NoEoffs,v1000,z50,tool0;
    MoveJ p10,v1000,fine,tool0;
    MoveL p20,v100,fine,tool0;
    MoveJ p10,v100,fine,tool0;
    MoveAbsJ home\NoEoffs,v1000,z50,tool0;
endproc
```

示教目标位置时，选择合适的动作模式，手动操作工业机器人运动到目标位置，记录当前位置信息。

使用运动指令完成两点间的运动的操作步骤如下：

步骤1 添加绝对位置运动指令，如图5.21所示。

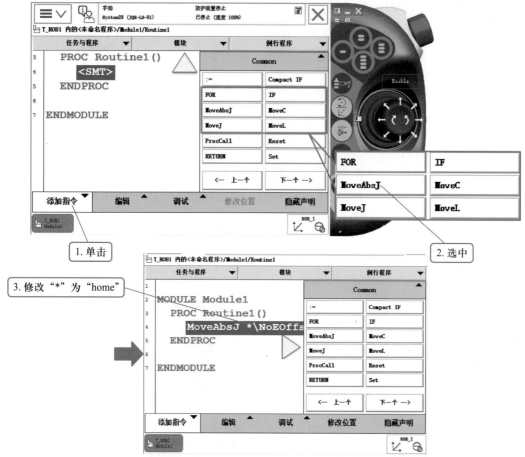

图5.21 添加绝对位置运动指令

步骤2 示教目标位置p10，如图5.22所示。

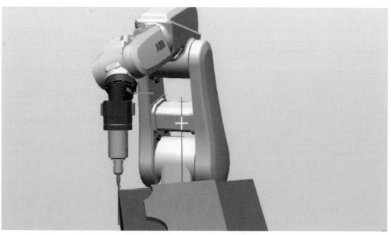

图5.22 示教目标位置p10

步骤3 添加关节运动指令，如图5.23所示。

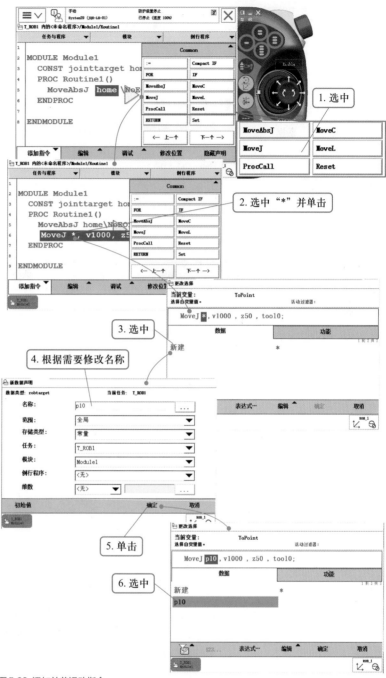

图5.23 添加关节运动指令

步骤4 设置转角区域数据，如图5.24所示。

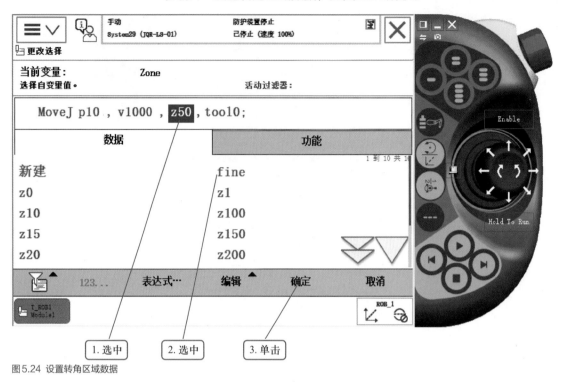

图5.24 设置转角区域数据

步骤5 示教目标位置p20，如图5.25所示。

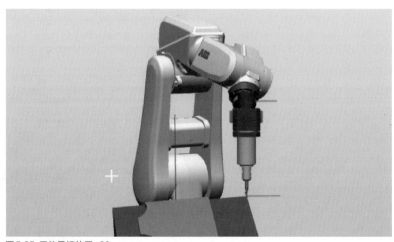

图5.25 示教目标位置p20

步骤6　添加线性运动指令，如图5.26所示。

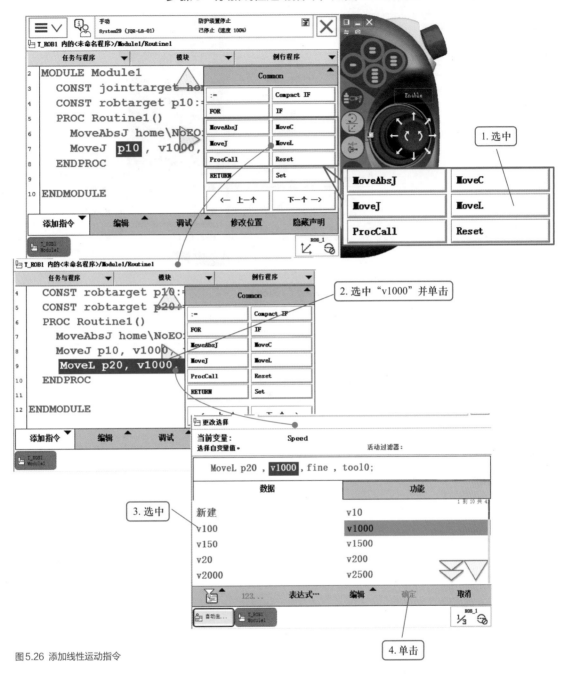

图5.26 添加线性运动指令

步骤7 添加关节运动指令，如图5.27所示。

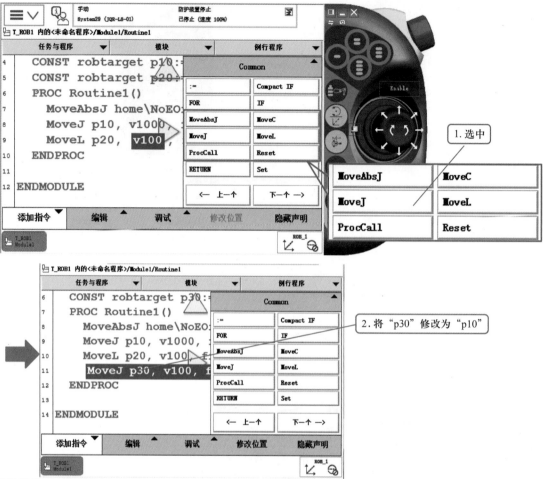

图5.27 添加关节运动指令

步骤8　复制关节运动指令，如图5.28所示。

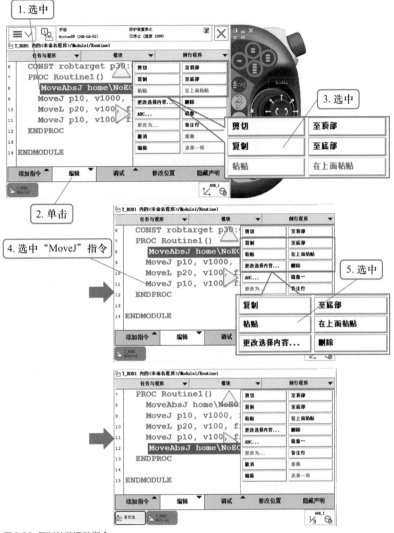

图5.28 复制关节运动指令

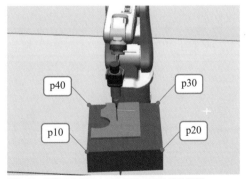

图5.29 虚拟工业机器人工作站的矩形轨迹的位置

2. 使用线性运动指令示教矩形轨迹

在虚拟工业机器人工作站中，使用运动指令控制虚拟工业机器人完成矩形轨迹的示教，矩形轨迹的位置如图5.29所示，顺序为：p10→p20→p30→p40→p10。

矩形轨迹由4条线段构成，分别为"p10—p20""p20—p30""p30—p40"和"p40—p10"，因此，将使用线性运动指令来完成矩形轨迹示教。

参考程序如下：

```
proc routine1()
    MoveAbsJ home\NoEoffs,v1000,z50,tool0;
    MoveL p10,v1000,fine,tool0;
    MoveL p20,v100,fine,tool0;
    MoveL p30,v100,fine,tool0;
    MoveL p40,v100,fine,tool0;
    MoveL p10,v100,fine,tool0;
    MoveAbsJ home\NoEoffs,v1000,z50,tool0;
endproc
```

任务评价 　　　请将"使用运动指令完成多点间的运动"的实训过程、实训收获及实训评价填入"实训评价表"。

任务 **3**　使用运动指令示教圆弧轨迹

任务目标

- 会使用圆弧运动指令示教圆弧轨迹。
- 会使用Offs位置偏移功能设置过渡点。
- 会导入与导出工业机器人的RAPID程序。

任务描述

通过本任务的学习，使用圆弧运动指令示教圆弧轨迹，使用Offs位置偏移功能设置过渡点，导入与导出工业机器人的RAPID程序，根据要求使用常用运动指令示教复杂轨迹。

任务准备

1. 圆弧运动指令MoveC

圆弧运动指令是指示工业机器人的TCP，以移动路径为圆弧的方式，从起点到达目标位置。该指令的使用需要在可到达的空间范围内定义3个位置（点），第1个点是圆弧的起点，第2个点用于设定圆弧的曲率，第3个点是圆弧的终点，运动路径如图5.30所示。

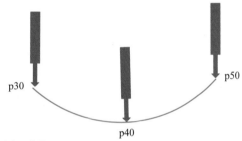

图5.30　圆弧运动路径示意图

如：MoveC p40,p50,v1000,z50,tool0;

MoveC指令解析见表5.5所示。

表5.5　MoveC指令解析

参数	定义	操作说明
p40、p50	位置数据p40和p50	定义机器人TCP的运动目标
v1000	运动速度数据 1000mm/s	定义机器人TCP的速度
z50	转角区域数据 50mm	定义机器人TCP的转角区域大小
tool0	工具坐标数据tool0	定义当前指令使用的工具

2. Offs 位置偏移功能

工业机器人示教编程中，受工业机器人工作环境的影响，为了避免碰撞引起故障和意外情况，常常会在工业机器人运动过程中设置一些安全过渡点，如在加工位置附近设置接近点等。

位置偏移功能是指工业机器人以目标位置为基准，在特定坐标系下，沿X轴、Y轴、Z轴方向进行偏移。

如：MoveL Offs(p10,30,40,50),v1000,fine,tool0;

"Offs(p10,30,40,50)"所表示的位置和"p10"在X轴上的距离为30mm，在Y轴上的距离为40mm，在Z轴上的距离为50mm。

Offs 参数变量解析见表5.6。

表5.6 Offs 参数变量解析

参数	定义	操作说明
p10	位置数据	定义机器人TCP的运动目标
30	X轴方向上的偏移	定义机器人TCP相对p10在X轴上的偏移量
40	Y轴方向上的偏移	定义机器人TCP相对p10在Y轴上的偏移量
50	Z轴方向上的偏移	定义机器人TCP相对p10在Z轴上的偏移量

任务实施

1. 使用圆弧运动指令示教圆弧轨迹

在虚拟工业机器人工作站中，使用圆弧运动指令，控制虚拟工业机器人完成圆弧轨迹示教，圆弧的位置如图5.31所示。

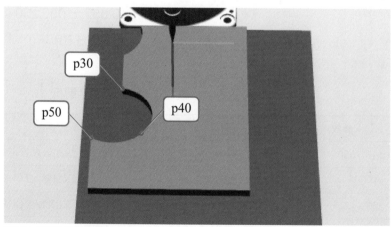

图5.31 圆弧的位置示意图

完整的圆弧由3个点组成，第1个点是圆弧的起点，即p30需通过线性或关节运动指令到达该点，第2个点用于设定圆弧的曲率，即p40，第3个点是圆弧的终点，即p50。

参考程序如下：

```
proc routine1()
        MoveL p30,v1000,fine,tool0;
        MoveC p40,p50,v100,z10,tool0;
endproc
```

使用圆弧运动指令示教圆弧轨迹的操作步骤如下：

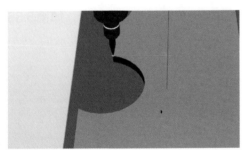

图5.32 示教目标位置p30

步骤1 示教目标位置p30，如图5.32所示。

步骤2 添加线性运动指令，如图5.33所示。

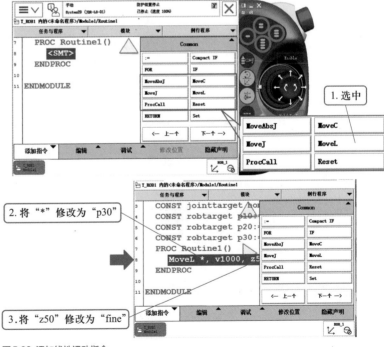

图5.33 添加线性运动指令

步骤3 添加圆弧运动指令，如图5.34所示。

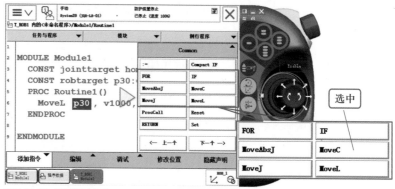

图5.34 添加圆弧运动指令

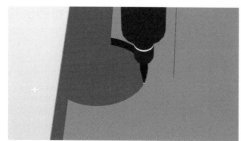

图5.35 示教目标位置p40

步骤4 示教目标位置p40，如图5.35所示。

步骤5 设置圆弧运动指令，如图5.36所示。

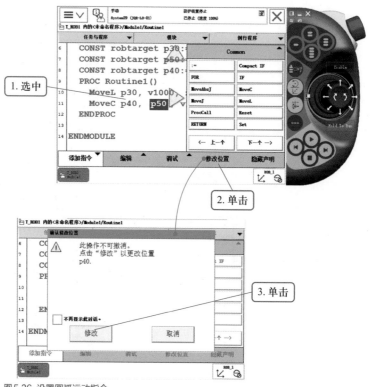

图5.36 设置圆弧运动指令

步骤6　示教目标位置p50，如图5.37所示。

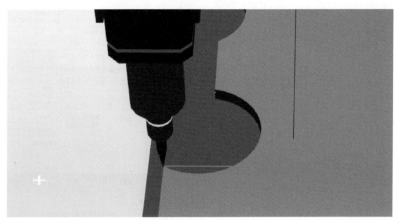

图5.37 示教目标位置p50

步骤7　设置圆弧运动指令，如图5.38所示。

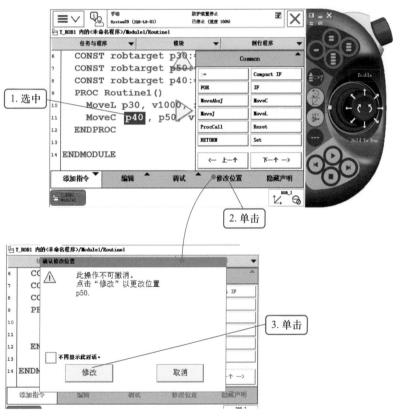

图5.38 设置圆弧运动指令

步骤8 设置速度数据，如图5.39所示。

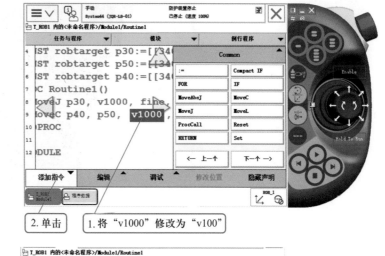

图5.39 设置速度数据

2. 使用Offs位置偏移功能设置轨迹的出入刀点

通常情况下，加工工件时要求工具在加工位置的正上方垂直进入，当工件水平放置时，一般只需在基坐标的Z轴上设置一定的偏移量即可。

参考程序如下：

```
proc routine1()
    MoveL offs(p30,0,0,30),v1000,fine,tool0;
    MoveL p30,v1000,fine,tool0;
endproc
```

使用Offs位置偏移功能设置轨迹的出入刀点的操作步骤如下：

步骤1　示教目标位置p30，如图5.40所示。

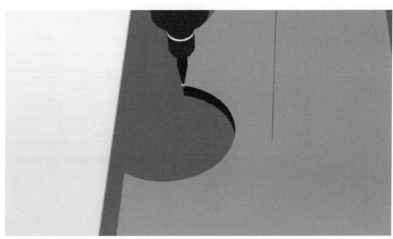

图5.40　示教目标位置p30

步骤2　创建线性运动指令，如图5.41所示。

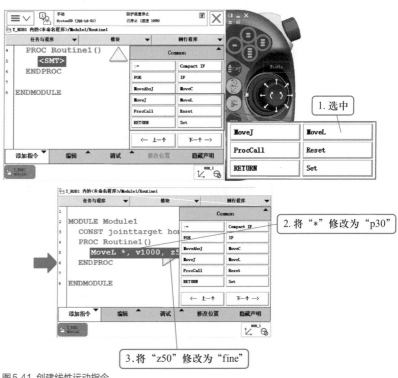

图5.41　创建线性运动指令

步骤3　复制线性运动指令，如图5.42所示。

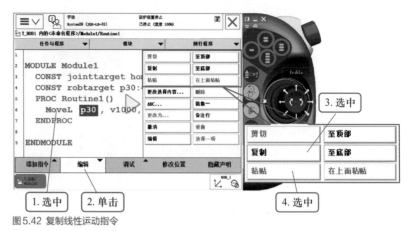

图5.42 复制线性运动指令

步骤4　添加位置偏移功能，如图5.43所示。

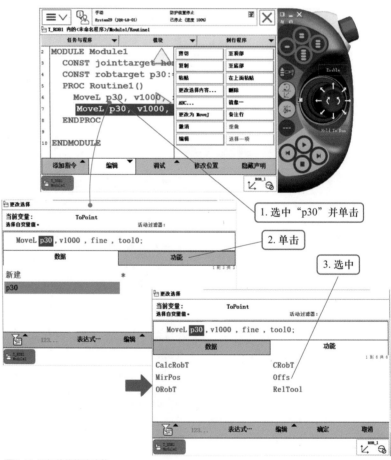

图5.43 添加位置偏移功能

步骤5 设置位置偏移功能

（1）添加位置参数，如图5.44所示。

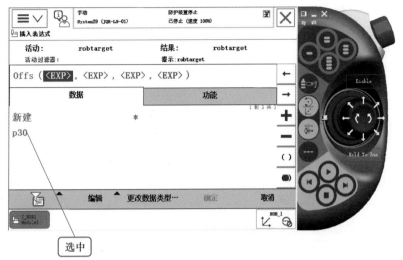

图5.44 添加位置参数

（2）设置X轴偏移量，如图5.45所示。

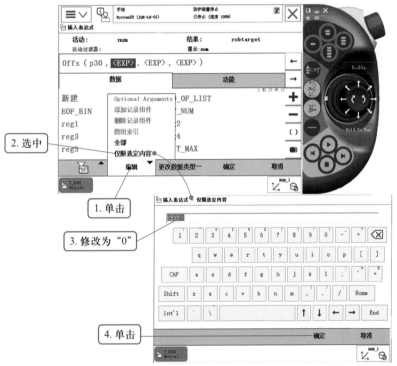

图5.45 设置X轴偏移量

（3）设置Y轴偏移量，如图5.46所示。

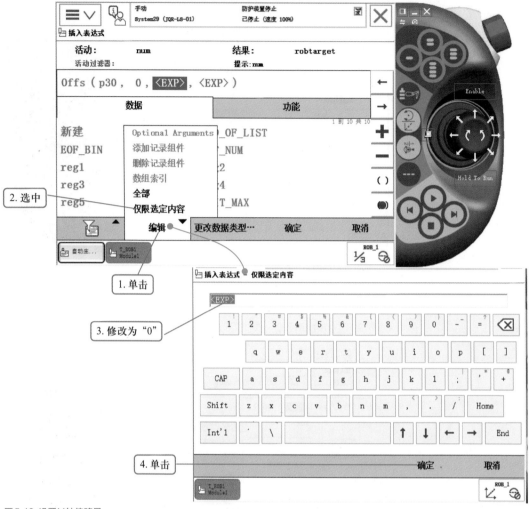

图5.46 设置Y轴偏移量

（4）设置Z轴偏移量，如图5.47所示。

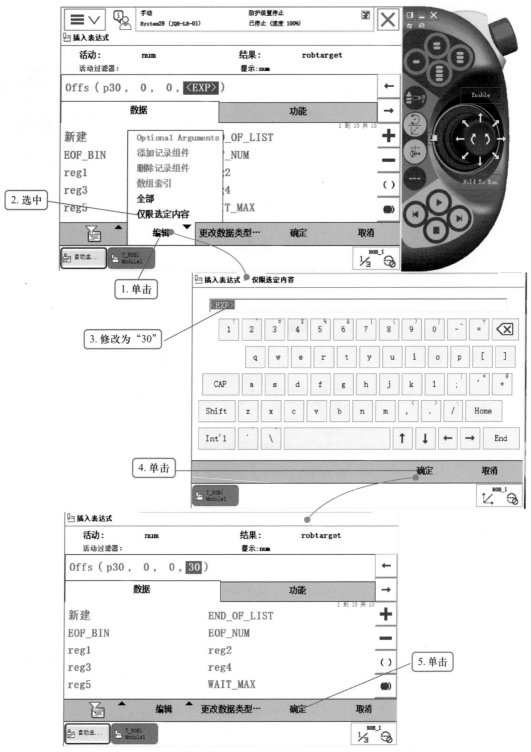

图5.47 设置Z轴偏移量

步骤6　设置速度数据并完成指令创建，如图5.48所示。

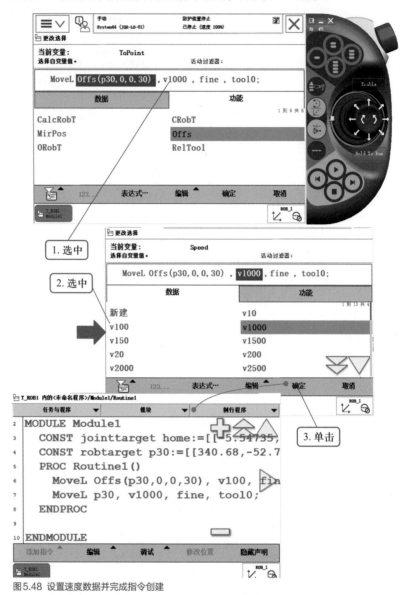

图5.48　设置速度数据并完成指令创建

3.　使用常用运动指令示教复杂轨迹

在虚拟工业机器人工作站中，使用运动指令，控制工业机器人完成复杂轨迹示教，复杂轨迹的位置如图5.49所示。

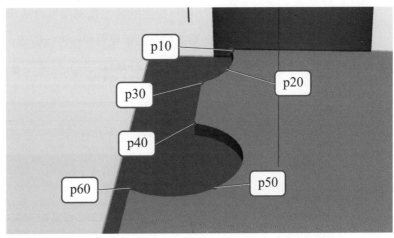

图5.49 复杂轨迹的位置

复杂轨迹由直线和曲线两部分构成，直线段为"p30—p40"，将选用线性运动指令来完成轨迹示教；曲线段为"p10—p20—p30"和"p40—p50—p60"，将选用圆弧运动指令来完成轨迹的示教。

参考程序如下：

```
proc routine1()
    MoveAbsJ home\NoEoffs,v1000,z50,tool0;
    MoveL Offs(p10,0,0,30),v1000,fine,tool0;
    MoveL p10,v100,fine,tool0;
    MoveC p20,p30,v100,fine,tool0;
    MoveL p40,v100,fine,tool0;
    MoveC p50,p60,v100,fine,tool0;
    MoveL Offs(p60,0,0,30),v100,fine,tool0;
    MoveAbsJ home\NoEoffs,v1000,z50,tool0;
endproc
```

4. RAPID 程序的导入与导出

完成程序的编写与调试，并确认符合实际要求后，便可对程序模块进行保存，程序模块根据实际需要可以保存在工业机器人硬盘或 U 盘上。

工业机器人的 RAPID 程序除了在示教器上直接编写外，还可以通过计算机的记事本来编写。

RAPID程序的导出是利用U盘从示教器复制模块到计算机中，利用记事本打开后即可对程序进行编辑，操作步骤如图5.50所示。

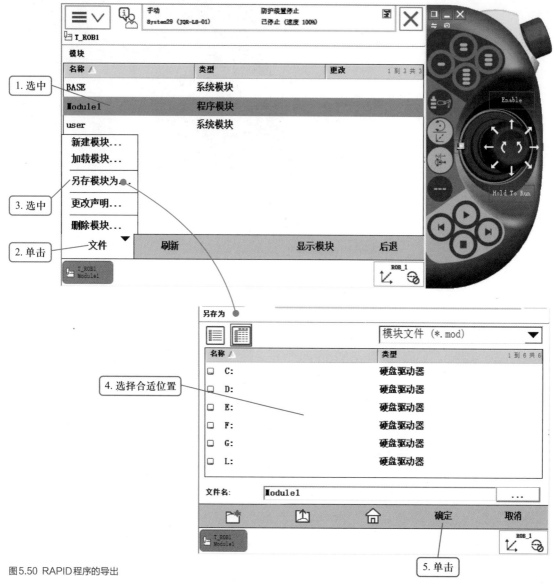

图5.50 RAPID程序的导出

RAPID程序的导入是利用U盘从计算机复制文档到示教器中。在导入前需要将程序文档的后缀修改为"mod"，工业机器人系统才能对其进行读写，操作步骤如图5.51所示。

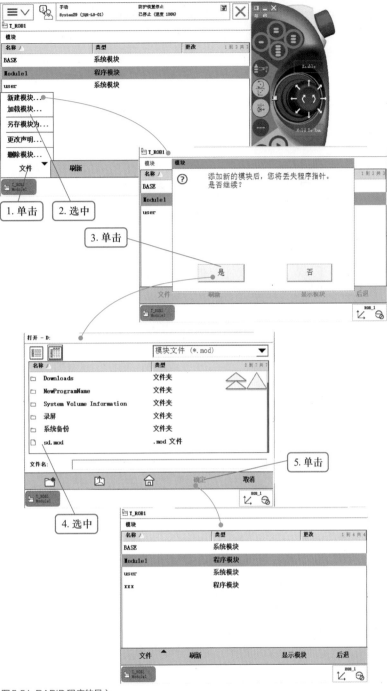

图5.51 RAPID程序的导入

任务评价

请将"使用运动指令示教圆弧轨迹"的实训过程、实训收获及实训评价填入"实训评价表"。

任务 4　　使用工具快换装置拆装涂胶工具

任务目标

- 会使用置位、复位指令置位和复位数字信号。
- 会使用时间等待指令进行延时。
- 会利用工具快换装置拆装涂胶工具。

任务描述

通过本任务的学习，使用置位、复位指令置位和复位数字信号，使用时间等待指令进行延时，控制工业机器人利用工具快换装置拆装涂胶工具。

任务准备

1. 信号控制指令

信号控制指令用于控制工业机器人的I/O信号，以实现工业机器人系统和周边工业设备进行通信，常用的I/O信号控制指令见表5.7。

表5.7　常用的I/O信号控制指令

指令	说明	举例
Set	数字量输出信号置位指令，用于将数字量输出信号设置为1	Set o7;
SetGO	数字量组输出信号指令，用于改变数字量组输出信号的值	SetGO go1,6;
Reset	数字量输出信号复位指令，用于将数字量输出信号设置为0	Reset o3;
WaitDI	数字量输入信号判断指令，用于等待，直至数字量输入信号为特定值后继续程序的执行	WaitDI i4,1;
WaitGI	数字量组输入信号判断指令，用于等待，直至数字量组输入信号为特定值后继续程序的执行	WaitGI gi1,5;

如果在Set和Reset指令前有运动指令时，其转角区域数据必须使用fine，才能准确地输出I/O信号状态的变化，否则信号将会被提前触发。

2. 时间等待指令

Waittime时间等待指令，用于程序中等待一个指定时间后，再向下执行程序。如：

Waittime 3;

该指令要求工业机器人等待3s后，再执行下一条指令。

3. 工具快换装置控制电磁阀的气路

工具快换装置控制电磁阀的气路连接图如图5.52所示。当控制电磁阀未通电，即数字量输出信号"o7"为0时，空气通过快换夹具主盘C口进入，控制快换装置锁紧，安装工具；当控制电磁阀通电，即数字量输出信号"o7"为1时，空气通过快换夹具主盘U口进入，控制快换装置放松，拆卸工具。

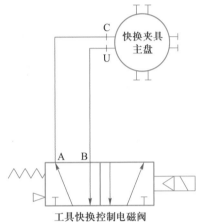

图5.52 工具快换装置控制电磁阀的气路连接图

任务实施

1. 示教涂胶工具的位置

在安装涂胶工具之前，需要示教涂胶工具的位置，记录在位置数据"tj"中。操作步骤如下：

步骤1 进入"程序数据"界面，如图5.53所示。

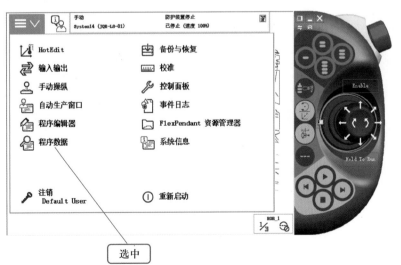

图5.53 进入"程序数据"界面

步骤2 选择位置数据，如图5.54所示。

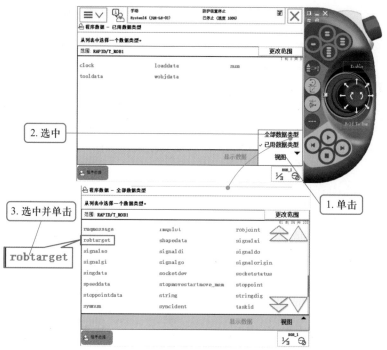

图5.54 选择位置数据

步骤3 新建位置数据，如图5.55所示。

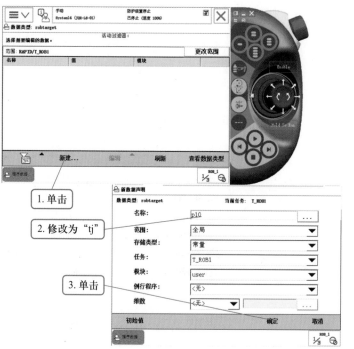

图5.55 新建位置数据

步骤4 要求两凹槽对齐，示教目标位置，如图5.56所示。

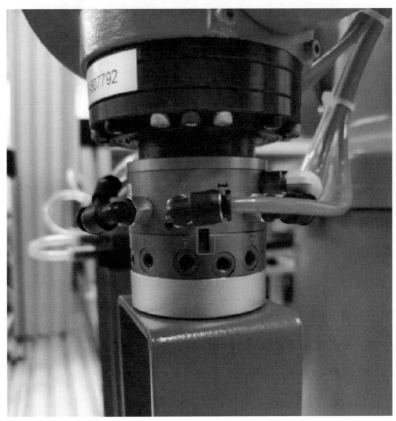

图5.56 示教目标位置

步骤5 修改位置数据，如图5.57所示。

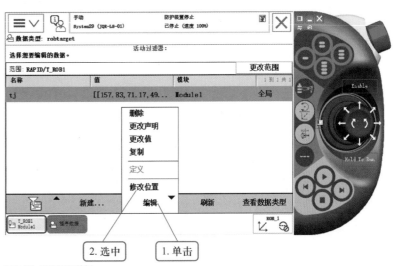

图5.57 修改位置数据

2. 编写拆装涂胶工具的RAPID程序

安装涂胶工具的过程要求工业机器人从"home"点出发，经过渡点和接近点，运动到涂胶工具的安装位置，完成涂胶工具安装后，经接近点和过渡点回到"home"点。

参考程序如下：

```
proc zhuangtjgj()
        MoveAbsJ home\NoEoffs,v1000,z50,tool0;
        MoveL offs(tj,0,0,150),v1000,fine,tool0;
        MoveL offs(tj,0,0,30),v100,fine,tool0;
        MoveL tj,v20,fine,tool0;
        Waittime 0.5;
        Reset o7;                                 ！安装涂胶工具
        Waittime 0.5;
        MoveL offs(tj,0,0,30),v20,fine,tool0;
        MoveL offs(tj,0,0,150),v100,fine,tool0;
        MoveAbsJ home\NoEoffs,v1000,z50,tool0;
endproc
proc chaitjgj()
        MoveAbsJ home\NoEoffs,v1000,z50,tool0;
        MoveL offs(tj,0,0,150),v1000,fine,tool0;
        MoveL offs(tj,0,0,30),v100,fine,tool0;
        MoveL tj,v20,fine,tool0;
        Waittime 0.5;
        Set o7;                                   ！拆卸涂胶工具
        Waittime 0.5;
        MoveL offs(tj,0,0,30),v20,fine,tool0;
        MoveL offs(tj,0,0,150),v100,fine,tool0;
        MoveAbsJ home\NoEoffs,v1000,z50,tool0;
endproc
```

该程序中，工具快换装置拿取涂胶工具的信号控制指令为"Reset o7"，主要是为了避免在设备突然断电的情况下，I/O信号复位，导致工具掉落等危险情况的发生，该功能可由气路的连接方式实现。在拿取涂胶工具前需要先确认快换装置处于放松状态，否则会出现撞击事故，可在拿取涂胶工具前添加信号控制指令"Set o7"来进行快换装置的放松。

任务评价

请将"使用工具快换装置拆装涂胶工具"的实训过程、实训收获及实训评价填入"实训评价表"。

✍ 项目总结

涂胶是工业机器人工作站的典型应用之一。在本项目中，学习了"使用运动指令转动各关节轴至机械原点""使用运动指令完成多点间的运动""使用运动指令示教圆弧轨迹"和"使用工具快换装置拆装涂胶工具"4个任务。

在"使用运动指令转动各关节轴至机械原点"任务中，学习了RAPID编程语言的概念和程序架构，学会了建立程序模块及例行程序，学会了使用运动指令转动各关节轴至机械原点，在手动运行模式下调试RAPID程序。

在"使用运动指令完成多点间的运动"任务中，学会了设置运动指令的位置数据、速度数据和转角区域数据，使用关节运动指令、线性运动指令完成多点间的运动，使用线性运动指令示教矩形轨迹。

在"使用运动指令示教圆弧轨迹"任务中，学会了使用圆弧运动指令示教圆弧轨迹，学习了使用Offs位置偏移功能设置过渡点，学会了根据要求使用常用运动指令示教复杂轨迹，以及工业机器人RAPID程序的导入与导出。

在"使用工具快换装置拆装涂胶工具"任务中，学习了使用置位、复位指令置位和复位数字信号，使用时间等待指令进行延时，学会了利用工具快换装置拆装涂胶工具。

涂胶轨迹思维导图如图5.58所示。

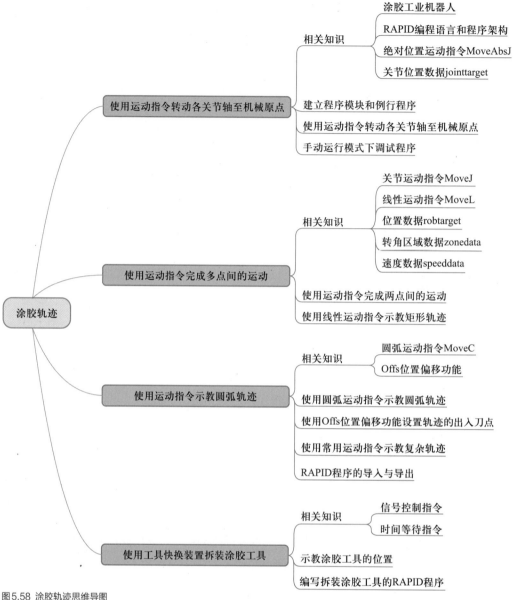

图5.58 涂胶轨迹思维导图

思考与实践

1. 绘制 RAPID 程序架构图。

2. 程序模块中有几个主程序 main？

3. 如何建立程序模块？

4. 什么是运动指令？工业机器人常用运动指令有哪些？其功能分别是什么？

5. 程序调试按钮有哪些？

6. 什么是位置数据、速度数据和转角区域数据？

7. 如何使用 Offs 位置偏移功能？

8. 什么是信号控制指令？使用工具快换装置拆装涂胶工具时要用到哪些信号控制指令？

9. 什么是时间等待指令？

项目6
码垛物料

◇ **项目目标**

- 会创建物料的位置数据。
- 会设定工业机器人工件坐标数据。
- 会使用Offs位置偏移功能计算物料的码垛位置。
- 会编写和调试码垛物料的RAPID程序。

项目导入

工业生产中的码垛，就是将物料按照一定的要求堆码成垛，从而便于实现搬运、装卸、存储等物流活动，广泛应用于石油化工和食品加工等行业。物料以码垛的形式进行存储或组装，不仅可以节省人力资源和土地资源，还能提高运转能力和生产效率。随着物流业的飞速发展以及科技的突飞猛进，码垛技术的应用将会越来越广泛。如图6.1所示，工业机器人在流水线上进行物料的码垛。

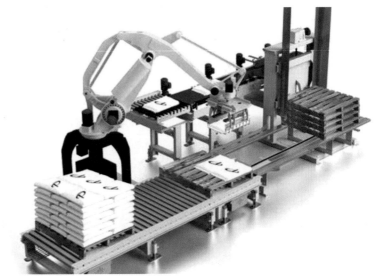

图6.1 物料的码垛

那么，如何编写和调试RAPID程序控制工业机器人码垛物料呢？让我们一起来做一做，学一学！

项目实施

任务 1 搬运物料

任务目标

- 知道物料摆放的位置要求。
- 会创建物料的位置数据。
- 会编写和调试搬运物料的RAPID程序。

任务描述

通过本任务的学习，控制工业机器人抓持夹爪工具，将码垛平台B中1号位置的物料搬运到3号位置，并按要求进行摆放。

任务准备

1. 码垛工业机器人

码垛是工业生产的关键瓶颈工序，需要依靠大量人力、占用大量工时，工序重复性强、过程较为繁重，严重制约了生产效率。因此需要搭建工业机器人自动化码垛工作站，根据产品设计机械夹具，整合工业机器人搬运码垛先进技术，来提升生产效率。

工业机器人应用于自动化码垛工作站，能够平稳运行、精准定位，还能满足更多的生产需要；整个工作循环时间可以在极短时间内完成，严格遵守连续式控制系统所规定的周期时间；减少人工数量，降低人力成本，零部件的故障率极低，质量显著提高；结构简单，操作简便，提高生产自动化程度，改善劳动条件。

2. 物料摆放的位置要求

工业生产中的码垛就是将物料按照一定的要求堆码成垛，常见垛形有基础的矩阵码垛，有稍微复杂的纵横码垛，还有较为复杂的回形码垛等，如图6.2所示。

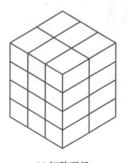
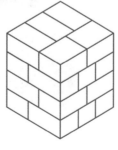
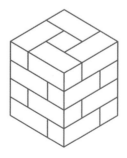

(a) 矩阵码垛　　　　(b) 纵横码垛　　　　(c) 回形码垛

图6.2 工业生产中的垛形

工业机器人工作站的码垛单元是将工业机器人对产品的码垛工艺进行功能模型化。工业机器人抓持夹爪工具，按照摆放要求，将已完成生产的方形物料搬运到指定位置。

工作站中的码垛平台B被设计成标准平台，可以模拟平台堆垛，每层可容纳3个物料进行多种垛形的码放。将底层的3个物料位置通过基坐标系规定方向后进行编号，如图6.3所示。同时，在程序数据中，新建位置数据，命名为"wz1""wz2"和"wz3"。

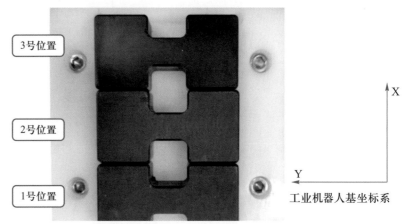

图6.3 码垛平台B的物料位置和安装要求

3. 夹爪工具

码垛夹爪工具（简称夹爪工具、夹具）如图6.4所示，夹爪工具采用平行二指形式，由控制电磁阀通过气压驱动气缸夹取物料。

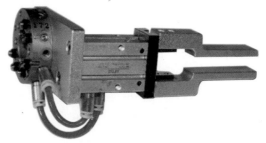

图6.4 码垛夹爪工具

夹爪工具控制电磁阀的气路连接示意图如图6.5所示，当夹爪工具控制电磁阀未通电，即数字量输出信号"o4"为0时，空气通过快换夹具主盘3口进入，控制夹爪工具张开；当夹爪工具控制电磁阀通电，即数字量输出信号"o4"为1时，空气通过快换夹具主盘4口进入，控制夹爪工具夹紧。

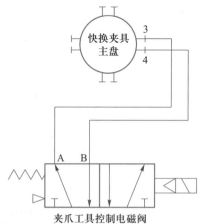

图6.5 夹爪工具控制电磁阀的气路连接示意图

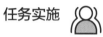

1. 分析搬运物料的工作过程

工业机器人抓持夹爪工具，将码垛平台B中的物料从1号位置，如图6.6（a）所示，搬运到3号位置，如图6.6（b）所示。

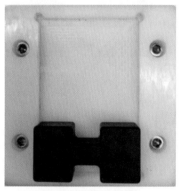 

(a) 物料搬运前的1号位置　　　　　　　　(b) 物料搬运后的3号位置

图6.6 物料搬运位置

根据物料搬运的工作任务要求，分析得到的工作过程如下：

（1）夹取物料过程

夹爪工具从home点出发，经过渡点和接近点，运动到码垛平台B的1号位置夹取物料，然后经接近点和过渡点离开码垛平台B的1号位置。

（2）摆放物料过程

夹爪工具夹取物料后，经过渡点和接近点，运动到码垛平台B的3号位置放下物料，然后经接近点和过渡点离开码垛平台B的3号位置，最后回到home点结束搬运任务。

其中，设置过渡点和接近点是为了方便调节运动速度和避免碰撞的发生。

搬运物料的工作流程如图6.7所示。

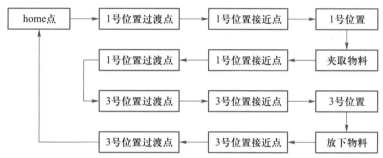

图6.7 搬运物料的工作流程

2. 配置工业机器人I/O信号

根据搬运物料的工作任务要求，工业机器人所需的I/O通信单元参数见表6.1。

表6.1 I/O通信单元参数

标准I/O板卡	名称	地址
DSQC D652 24 VDC I/O Device	D652	10

根据搬运物料的工作任务要求，工业机器人所需的数字量输出信号见表6.2。

表6.2 数字量输出信号分配表

I/O板卡地址	信号名称	功能表述	对应关系	对应I/O
4	o4	码垛夹具	工具	—
7	o7	快换装置	工具	—

示教物料的搬运位置

根据表6.1和表6.2，配置工业机器人I/O信号单元以及控制信号。

3. 示教搬运物料的位置

根据搬运物料的工作任务要求，物料的位置数据只需要用到"wz1"和"wz3"，所以在操作过程中，只对这两个位置数据的示教进行演示。同时，为保证示教物料位置的准确性，在示教两个物料位置数据的过程中，始终需要保持夹爪工具和物料之间的相对位置，创建物料位置数据的操作步骤如下：

步骤1 进入"位置数据"界面，创建位置数据wz1、wz2和wz3，如图6.8所示。

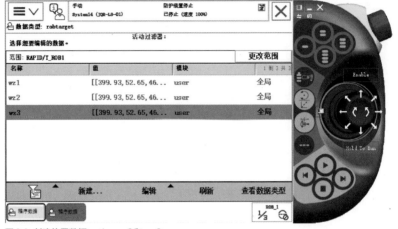

图6.8 创建位置数据wz1、wz2和wz3

步骤2 手动安装夹爪工具，并手动将物料放置到夹爪工具两指之间后夹紧，如图6.9所示。

(a) 手动安装夹爪工具   (b) 手动将物料放置到夹爪工具两指之间后夹紧

图6.9 手动控制夹爪工具夹紧物料

步骤3　示教并修改位置数据wz1，如图6.10所示。

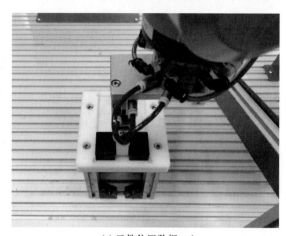

(a) 示教位置数据wz1

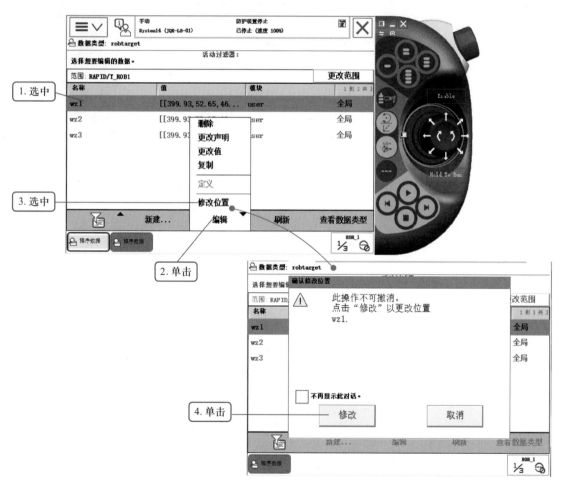

(b) 修改位置数据wz1

图6.10　示教并修改位置数据wz1

步骤4　示教并修改位置数据wz3，如图6.11所示。

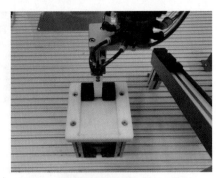

(a) 示教位置数据wz3

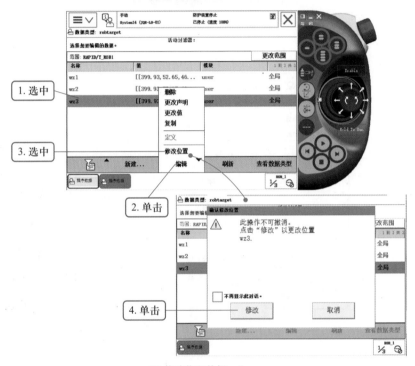

(b) 修改位置数据wz3

图6.11　示教并修改位置数据wz3

4.　编写搬运物料的RAPID程序

根据搬运物料工作过程的分析结果，得到如下参考程序：

```
proc main()
    MoveAbsJ home\NoEoffs,v1000,z50,tool0;           ！ home点
    MoveL offs(wz1,0,0,100),v1000,fine,tool0;         ！ 1号位置过渡点
    MoveL offs(wz1,0,0,30),v100,fine,tool0;           ！ 1号位置接近点
    MoveL wz1,v20,fine,tool0;                         ！ 到达1号位置
```

```
Waittime 0.5;
Set o4;                                          ！夹取物料
Waittime 0.5;
MoveL offs(wz1,0,0,30),v20,fine,tool0;           ！1号位置接近点
MoveL offs(wz1,0,0,100),v100,fine,tool0;         ！1号位置过渡点
MoveL offs(wz3,0,0,100),v100,fine,tool0;         ！3号位置过渡点
MoveL offs(wz3,0,0,30),v100,fine,tool0;          ！3号位置接近点
MoveL wz3,v20,fine,tool0;                        ！到达3号位置
Waittime 0.5;
Reset o4;                                         ！放下物料
Waittime 0.5;
MoveL offs(wz3,0,0,30),v20,fine,tool0;            ！3号位置接近点
MoveL offs(wz3,0,0,100),v100,fine,tool0;          ！3号位置过渡点
MoveAbsJ home\NoEoffs,v1000,z50,tool0;            ！home点
endproc
```

5. 调试搬运物料的 RAPID 程序

完成程序的编辑之后，需要通过上机运行来验证结果的正确性，并将过程记录在表6.3中。

表6.3 搬运物料过程记录表

步骤	安装调试内容	过程记录
1	接入主电源，检查正常后通电	□完成　□未完成
2	通信单元I/O信号设定	□完成　□未完成
3	示教物料位置	□完成　□未完成
4	安装夹爪工具	□完成　□未完成
5	夹取1号位置的物料	□完成　□未完成
6	将物料摆放到3号位置	□完成　□未完成
7	拆卸夹爪工具	□完成　□未完成

任务评价 　　请将"搬运物料"的实训过程、实训收获及实训评价填入"实训评价表"。

任务 2　　　码放物料

任务目标

- 会设定工业机器人工件坐标数据。
- 会使用Offs位置偏移功能计算物料位置。
- 会编写和调试码放物料的RAPID程序。

任务描述

　　通过本任务的学习，控制工业机器人抓持夹爪工具，将码垛平台A上的3个物料搬运到码垛平台B上，并按要求进行码放。

任务准备

1. 工业机器人工件坐标数据

　　夹爪工具在码垛平台A中夹取物料时，由于码垛平台A是斜台设计，很难实现在基坐标为坐标系的运动方式下示教物料的夹取位置。因此，需要在码垛平台A上创建一个新的工件坐标系"maduoA"，来帮助我们方便且准确地找到物料的夹取位置。同时，在码垛平台B上也可建立一个新的工件坐标系"maduoB"。那么，平台上多个物料间的位置关系就可通过Offs偏移功能计算得到，省去了示教多个位置数据的时间，有效提高工作效率。

2. 示教器的"手动操纵"

　　示教器的"手动操纵"界面如图6.12所示。

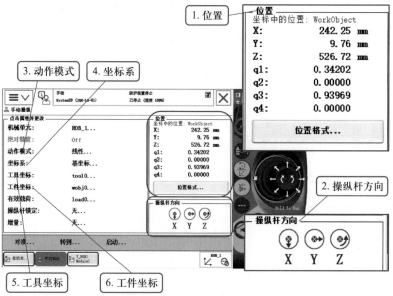

图6.12 示教器的"手动操纵"界面

（1）位置：在关节运动模式下，可查看6个关节轴的旋转角度。在线性运动和重定位运动模式下，可查看工具TCP和工件坐标在轴上的位置关系等。

（2）操纵杆方向：在关节运动模式下，指示操纵杆方向和关节轴的对应关系。在线性运动和重定位运动模式下，指示操纵杆方向和坐标系在轴上的对应关系。

（3）动作模式：选择工业机器人的运动方式，有关节运动、线性运动和重定位运动。

（4）坐标系：选择工业机器人手动操作时的参考坐标系，有大地坐标、基坐标、工具坐标和工件坐标。如在基坐标系下进行线性运动时，拨动操纵杆，工具TCP在空间中就会沿着基坐标系的X轴、Y轴或Z轴进行直线运动。

（5）工具坐标：选择当前工业机器人安装的工具。因为每个工具的TCP均不相同，所以在更换工具以后，手动操纵界面的"位置"数据就会发生变化。

（6）工件坐标：选择工具TCP在记录位置数据时的参考坐标系。如果工件坐标为"wobj0"，工具TCP位置数据的参考坐标系就是基坐标系。

在编写程序的过程中，当运动指令需要调用工具坐标为"tujiao"、工件坐标为"maduoA"时，得到的运动指令如下：

MoveJ p10,v1000,z50,tujiao\wobj:=maduoA;

上述运动指令在完成位置数据p10的修改后，需要添加工件坐标数据，在示教器中添加带工件坐标的运动指令的操作步骤如下：

步骤1 进入指令"更改选择"界面，如图6.13所示。

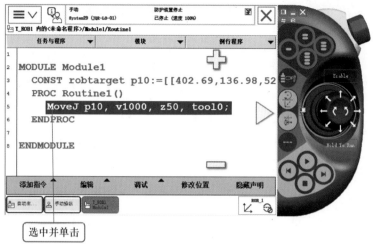

图6.13 进入指令"更改选择"界面

步骤2 启用自变量，如图6.14所示。

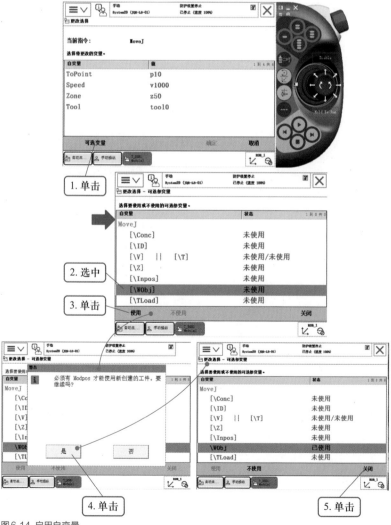

图6.14 启用自变量

步骤3　设置工件坐标，完成运动指令创建，如图6.15所示。

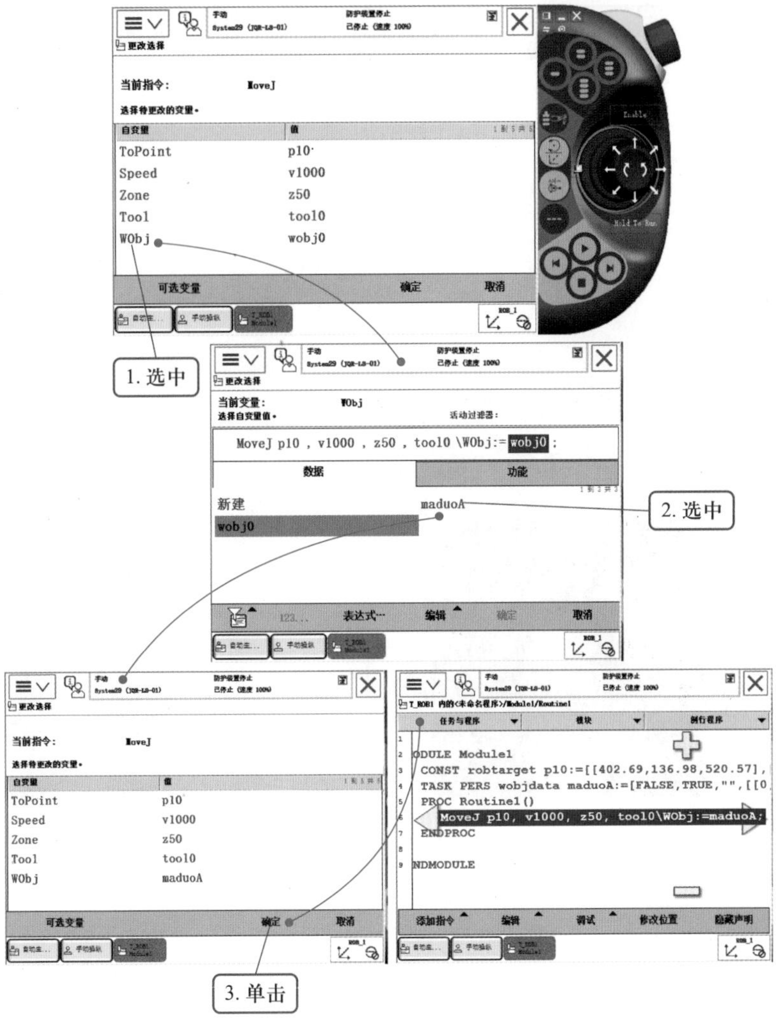

图6.15 设置工件坐标

3. 使用Offs位置偏移功能计算物料位置

在计算码垛平台B所有物料的位置之前，需要先操作工业机器人示教物料的1号位置，并保存在位置数据"wzB"中。

已知物料的长、宽、高分别为65mm、32.5mm和15mm，以位置数据"wzB"为参照，通过计算可得到码垛平台B2层共6个物料的位置，见表6.4。

其中，4号位置位于1号位置的正上方，5号位置位于2号位置的正上方，6号位置位于3号位置的正上方。

表6.4 码垛平台B中6个物料的位置数据

位置编号	位置数据	位置编号	位置数据
1号位置	wzB	4号位置	Offs(wzB,0,0,15)
2号位置	Offs(wzB,0,32.5,0)	5号位置	Offs(wzB,0,32.5,15)
3号位置	Offs(wzB,0,65,0)	6号位置	Offs(wzB,0,65,15)

码放物料的工作任务中，3个物料在码垛平台B的摆放位置要求如图6.16所示。

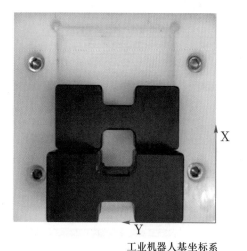

(a) 3个物料位置的俯视图

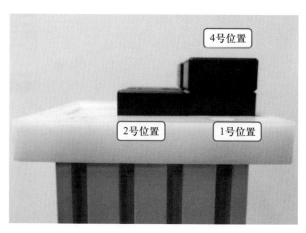

(b) 3个物料位置的左视图

图6.16 3个物料在码垛平台B的摆放位置

由图6.16可知，3个物料分别位于码垛平台B的1号位置、2号位置和4号位置。

任务实施

1. 分析码放物料的工作过程

工业机器人抓持夹爪工具，将码垛平台A中的物料搬运到码垛平台B中，并按图6.16所示的码放要求进行码放。

根据码放物料的工作任务要求，分析工作过程如下：

（1）夹取物料过程

夹爪工具经过渡点和接近点，运动到码垛平台A的物料夹取位置，然后经接近点和过渡点离开码垛平台A。

（2）码放物料过程

夹爪工具夹取物料后，经过渡点和接近点，运动到码垛平台B

中放下物料，然后经接近点和过渡点离开码垛平台B。

码放物料的工作流程如图6.17所示。

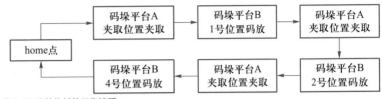

图6.17 码放物料的工作流程

2. 配置工业机器人I/O信号

根据码放物料的工作任务要求，工业机器人所需的I/O通信单元参数见表6.5。

表6.5 I/O通信单元参数

标准I/O板卡	名称	地址
DSQC D652 24 VDC I/O Device	D652	10

根据码放物料的工作任务要求，工业机器人所需的数字量输出信号见表6.6。

表6.6 数字量输出信号分配表

I/O板卡地址	信号名称	功能表述	对应关系	对应I/O
4	o4	码垛夹具	工具	—
7	o7	快换装置	工具	—

建立工件坐标
数据

根据表6.5和表6.6，配置工业机器人I/O信号单元以及控制信号。

3. 示教码放物料的位置

（1）创建工件坐标数据

创建工件坐标数据的过程要求工业机器人利用尖点工具，在平面上定义X1、X2和Y1三个点。其中：

① X1和X2用来确定工件坐标系X轴的正方向。

② Y1用来确定工件坐标系Y轴的正方向。

③ 工件坐标系的原点是Y1在X轴上的投影。

码放物料的工作任务中，需要建立码垛平台A和码垛平台B的工件坐标系，因为创建两个工件坐标数据的操作步骤相同，所以只对创建码垛平台A的工件坐标数据的操作步骤进行演示。

步骤1　选择涂胶工具，如图6.18所示。

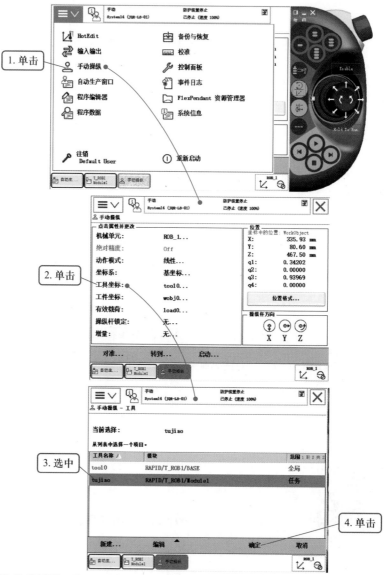

图6.18 选择涂胶工具

步骤2 新建工件坐标，如图6.19所示。

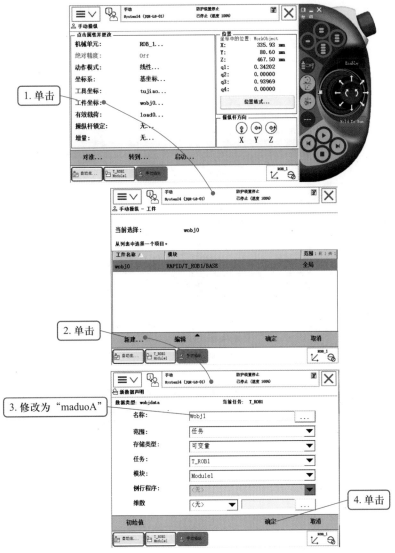

图6.19 新建工件坐标

步骤3 定义工件坐标。

① 选择工件坐标定义方法，如图6.20所示。

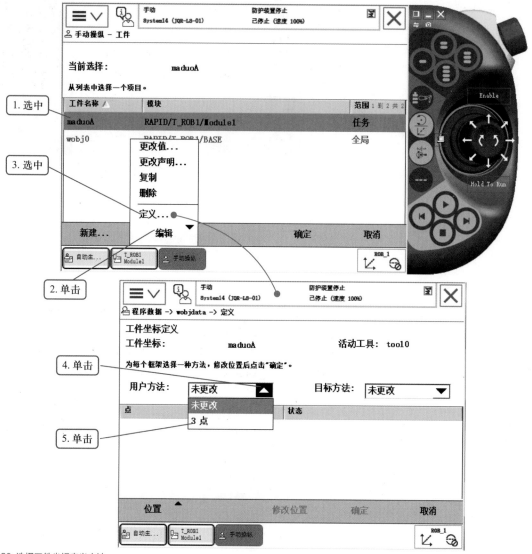

图6.20 选择工件坐标定义方法

② 示教并修改用户点 X1 位置，如图 6.21 所示。

(a) 示教用户点 X1

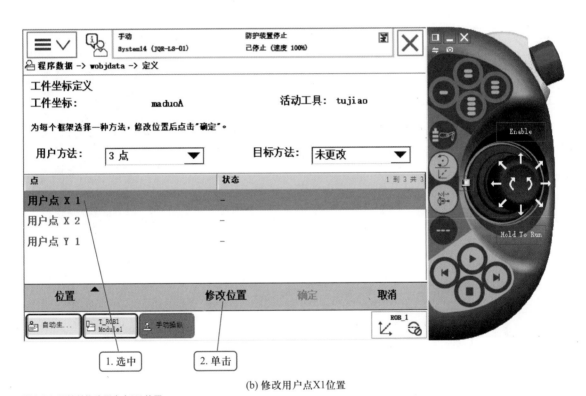

1. 选中   2. 单击

(b) 修改用户点 X1 位置

图 6.21 示教并修改用户点 X1 位置

③ 示教并修改用户点X2位置，如图6.22所示。

(a) 示教用户点X2

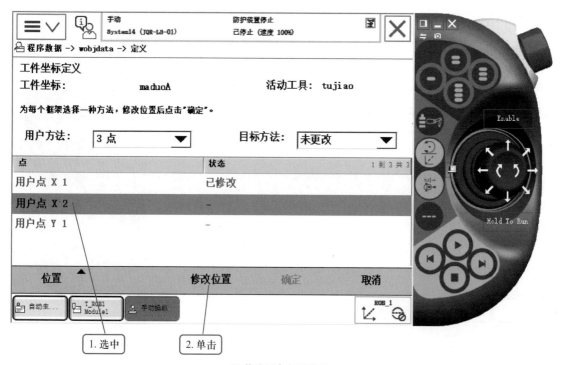

(b) 修改用户点X2位置

图6.22 示教并修改用户点X2位置

④ 示教并修改用户点Y1位置，如图6.23所示。

(a) 示教用户点Y1

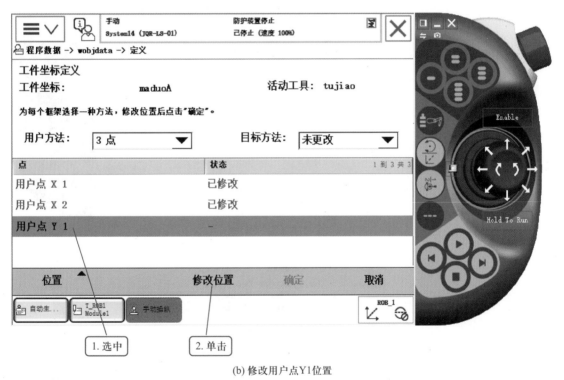

(b) 修改用户点Y1位置

图6.23 示教并修改用户点Y1位置

⑤ 完成工件坐标定义，如图6.24所示。

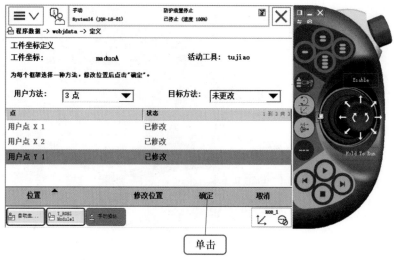

图6.24 完成工件坐标定义

步骤4 计算工件坐标定义结果，完成工件坐标创建，如图6.25所示。

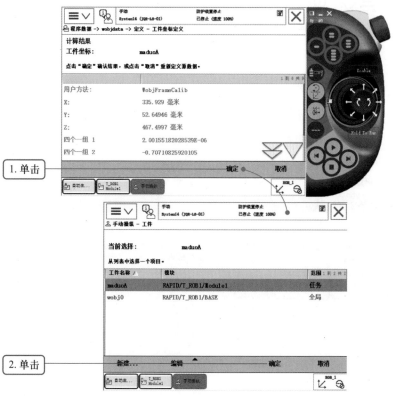

图6.25 完成工件坐标创建

（2）调整夹爪工具姿态

由于码垛平台A为斜台设计，在示教物料的夹取位置之前，应调整夹爪工具的姿态，如图6.26所示。

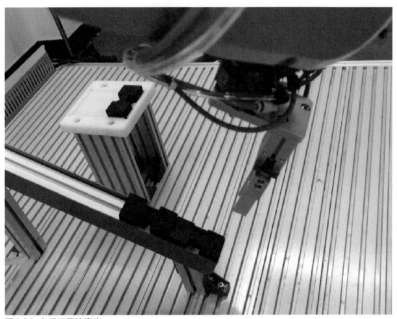

图6.26 夹爪工具的姿态

调整夹爪工具的姿态需要用到"对准"功能，同时在"手动操纵"界面对以下参数进行设置：

① 坐标系设置为"工件坐标"，可以使工业机器人沿工件坐标系的X轴、Y轴和Z轴进行线性运动。

② 工件坐标设置为"maduoA"，可以使位置数据的参照坐标系为工件坐标。

调整夹爪工具姿态的操作步骤如下：

步骤1 单击工件坐标,选中"maduoA"为工件坐标,进入"对准"界面,如图6.27所示。

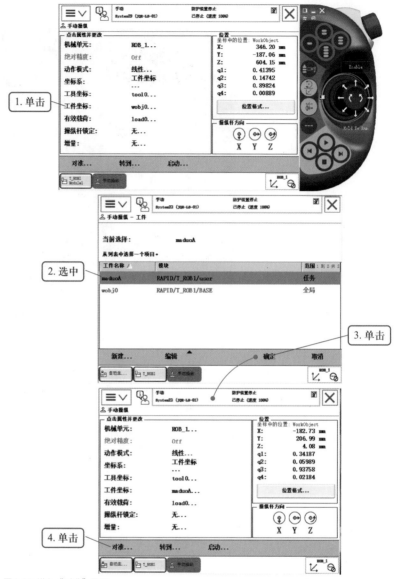

图6.27 进入"对准"界面

步骤2 选择对准坐标系，单击使能按钮，长按"开始对准"，待工业机器人对准结束后松开，完成工具对准，如图6.28所示。

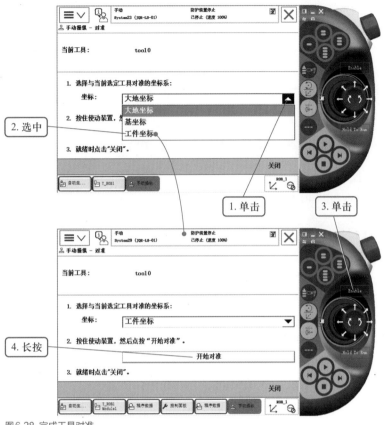

图6.28 完成工具对准

同理，在示教码垛平台B的3个物料位置前，也需要调整夹爪工具姿态，此时需要修改工件坐标为"maduoB"。

（3）示教物料的夹取位置

在完成夹爪工具姿态调整以后，创建位置数据"wzA"，利用线性或关节运动模式手动操作工业机器人示教物料的夹取位置，如图6.29所示。

同理，在示教码垛平台B的位置"wzB"时，需要将坐标系设置为"工件坐标"，工件坐标设置为"maduoB"，来完成夹爪工具姿态的调整。

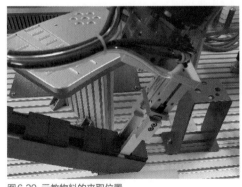

图6.29 示教物料的夹取位置

4. 编写码放物料的RAPID程序

根据码放物料的工作过程，得到参

考程序如下：

```
proc main（）
    MoveAbsJ home\NoEoffs,v1000,z50,tool0;
    MoveJ offs(wzA,0,0,100),v1000,z20,tool0\wobj:=maduoA;
                                ！ 平台A过渡点
    MoveL offs(wzA,0,0,30),v100,fine,tool0\wobj:=maduoA;
                                ！ 平台A接近点
    MoveL wzA,v20,fine,tool0\wobj:=maduoA;
                                ！ 平台A第1块物料
    Waittime 0.5;
    Set o4;
    Waittime 0.5;
    MoveL offs(wzA,0,0,30),v20,fine,tool0\wobj:=maduoA;
    MoveL offs(wzA,0,0,100),v100,z20,tool0\wobj:=maduoA;
    MoveJ offs(wzB,0,0,30),v100,fine,tool0\wobj:=maduoB;
                                ！ 平台B1号位接近点
    MoveL wzB,v20,fine,tool0\wobj:=maduoB;
                                ！ 平台B1号位置
    Waittime 0.5;
    Reset o4;
    Waittime 0.5;
    MoveL offs(wzB,0,0,30),v20,fine,tool0\wobj:=maduoB;
    MoveJ offs(wzA,0,0,100),v1000,z20,tool0\wobj:=maduoA;
    MoveL offs(wzA,0,0,30),v100,fine,tool0\wobj:=maduoA;
    MoveL wzA,v20,fine,tool0\wobj:=maduoA;
    Waittime 0.5;
    Set o4;
    Waittime 0.5;
    MoveL offs(wzA,0,0,30),v20,fine,tool0\wobj:=maduoA;
    MoveL offs(wzA,0,0,100),v100,z20,tool0\wobj:=maduoA;
    MoveJ offs(wzB,0,32.5,30),v100,fine,tool0\wobj:=maduoB;
```

　　　　　　　　　　　　　　　　　　　! 平台 B2 号位置接近点

MoveL offs(wzB,0,32.5,0),v20,fine,tool0\wobj:=maduoB;

　　　　　　　　　　　　　　　　　　　! 平台 B2 号位置

Waittime 0.5;

Reset o4;

Waittime 0.5;

MoveL offs(wzB,0,32.5,30),v20,fine,tool0\wobj:=maduoB;

MoveJ offs(wzA,0,0,100),v100,z20,tool0\wobj:=maduoA;

MoveL offs(wzA,0,0,30),v100,fine,tool0\wobj:=maduoA;

MoveL wzA,v20,fine,tool0\wobj:=maduoA;

Waittime 0.5;

Set o4;

Waittime 0.5;

MoveL offs(wzA,0,0,30),v20,fine,tool0\wobj:=maduoA;

MoveL offs(wzA,0,0,100),v100,z20,tool0\wobj:=maduoA;

MoveJ offs(wzB,0,0,45),v100,fine,tool0\wobj:=maduoB;

　　　　　　　　　　　　　　　　　　　! 平台 B4 号位置接近点

MoveL offs(wzB,0,0,15),v20,fine,tool0\wobj:=maduoB;

　　　　　　　　　　　　　　　　　　　! 平台 B4 号位置

Waittime 0.5;

Reset o4;

Waittime 0.5;

MoveL offs(wzB,0,0,45),v20,fine,tool0\wobj:=maduoB;

MoveJ offs(wzA,0,0,100),v1000,z20,tool0\wobj:=maduoA;

MoveAbsJ home\NoEoffs,v1000,z50,tool0;

endproc

　　　　　　为提高码垛的工作效率，通常需要关注工业机器人每个运动周期的节拍。在码垛过程中，工业机器人运动轨迹不需要直线运动时，尽可能用关节运动指令代替线性运动指令。同时，工业机器人运动轨迹中还会有一些中间过渡点，当工业机器人运动到此类位置时，因不触发具体事件，所以可将运动指令的转角区域数据设置得大一点，从而减少在转弯时的速度衰减，使运动轨迹更加圆滑。

5. 调试码放物料的RAPID程序

完成程序的编辑之后，需要通过上机运行来验证结果的正确性，并将过程记录在表6.7中。

表6.7 码放物料过程记录表

步骤	安装调试内容	过程记录
1	接入主电源，检查正常后通电	□完成　□未完成
2	通信单元I/O信号设定	□完成　□未完成
3	创建工件坐标"maduoA"	□完成　□未完成
4	示教位置"wzA"	□完成　□未完成
5	创建工件坐标"maduoB"	□完成　□未完成
6	示教位置"wzB"	□完成　□未完成
7	安装夹爪工具	□完成　□未完成
8	夹取码垛平台A的物料	□完成　□未完成
9	摆放物料到码垛平台B的1号位置	□完成　□未完成
10	夹取码垛平台A的物料	□完成　□未完成
11	摆放物料到码垛平台B的2号位置	□完成　□未完成
12	夹取码垛平台A的物料	□完成　□未完成
13	摆放物料到码垛平台B的4号位置	□完成　□未完成
14	拆卸夹爪工具	□完成　□未完成

任务评价

请将"码放物料"的实训过程、实训收获及实训评价填入"实训评价表"。

📝 项目总结

码垛是工业机器人工作站的典型应用之一。在本项目中，学习了"搬运物料""码放物料"2个任务。

在"搬运物料"任务中，通过分析搬运物料的工作过程、配置工业机器人I/O信号、示教搬运物料的位置、编写与调试搬运物料的

RAPID程序等步骤，学会了控制工业机器人抓持夹爪工具按要求搬运物料。

在"码放物料"任务中，通过分析码放物料的工作过程、配置工业机器人I/O信号、建立工件坐标系、示教码放物料的位置、编写与调试码放物料的RAPID程序等步骤，学会了控制工业机器人抓持夹爪工具按要求码放物料。

码垛物料思维导图如图6.30所示。

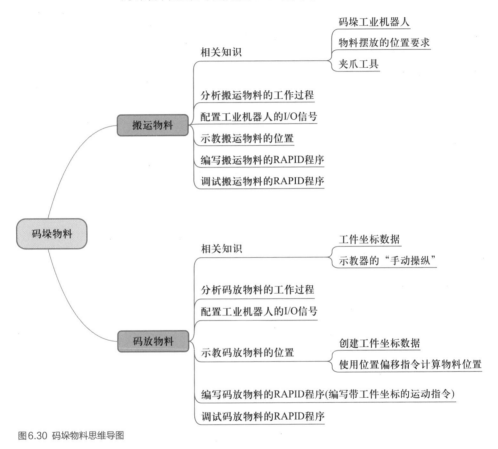

图6.30 码垛物料思维导图

思考与实践

1. 夹爪工具控制电磁阀的数字量信号名称是什么？

2. 定义工件坐标系时，设定X1、X2和Y1三个点的作用是什么？

3. 在码垛物料的工作过程中，哪些位置点适合选用MoveJ指令来进行运动？哪些位置点的转角区域数据可适当设置得大一点？

*项目7

检测异形芯片

- 知道视觉检测系统的基本组成。
- 会手动控制视觉检测系统检测异形芯片的颜色。
- 会调用例行程序。
- 会编写与调试吸取异形芯片、检测异形芯片颜色的RAPID程序。
- 会利用数值数据记录异形芯片的颜色。

▽ 项目导入

　　工业机器人工作站在安装PCB之前，需要对异形芯片按照颜色、形状和位置等特征信息进行分类。因此，工作站中配备了视觉检测系统，利用工业相机去实现检测、判断、识别、测量和定位等功能。视觉检测系统的使用，能有效地提高生产流水线的检测速度和精度，大大提高产品的产量和质量，降低人工成本，同时能有效避免因工人疲劳等因素而产生的误判。图7.1所示为视觉检测系统。

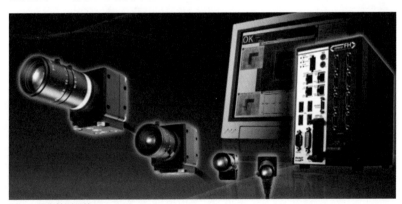

图7.1 视觉检测系统

　　那么，如何编写和调试RAPID程序控制视觉检测系统检测异形芯片呢？让我们一起来做一做，学一学！

项目实施

任务 1　设置视觉检测系统

任务目标

- 知道视觉检测系统的基本组成。
- 会设置视觉检测系统获取图像信息。
- 会手动控制视觉检测系统检测异形芯片的颜色。

任务描述

　　通过本任务的学习，设置视觉检测系统获取图像信息，根据检测要求设置视觉检测系统参数，手动控制视觉检测系统检测异形芯片的颜色。

任务准备 ✎

1.　视觉检测

　　视觉检测就是用机器代替人眼进行测量和判断，一般通过机器视觉设备将被摄取目标转换成图像信号，传送给专用的图像处理系统，根据像素分布和亮度、颜色等信息，转变成数字化信号；图像系统对这些信号进行各种运算来抽取目标的特征，进而根据判别的结果来控制现场的设备动作。

　　机器视觉检测的特点是提高生产的柔性和自动化程度。在一些不适合人工作业的危险工作环境或人工视觉难以满足要求的场合，常用机器视觉替代人工视觉。在大批量工业生产过程中，通过人工视觉检查产品质量效率低且精度不高，而用机器视觉检查可以大大提高生产效率和生产的自动化程度，而且机器视觉易于实现信息集成，是实现计算机集成制造的基础技术。

2.　视觉检测系统的基本组成

　　工业机器人工作站与实际生产的视觉检测系统相似，就是利用工业相机对物体进行拍照识别后，得到颜色、形状、位置等特征信息，并发送给中央控制器和其他工业设备。

　　在工业机器人工作站中，视觉检测系统对异形芯片的颜色和形状进行拍照识别后，将特征信息发送给工业机器人，工业机器人根据特征信息和安装要求，将特定的异形芯片从原料盘拾取后，安装到PCB的指定位置。

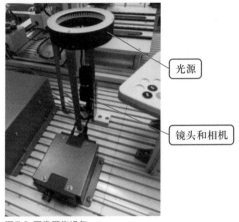

图7.2 图像采集设备

图7.3 图像处理设备的硬件部分

双吸盘
图7.4 吸盘工具

视觉检测系统一般由图像采集和图像处理等设备构成。

（1）图像采集设备

图像采集设备包括光源、镜头和相机等，如图7.2所示。光源的作用是将被测物体与背景尽量明显区别，从而获得高品质、高对比度的图像。镜头的作用是光学成像，它的优劣将直接影响视觉检测系统的检测结果。相机的作用是将镜头投影到传感器上的图像信息传递给图像处理设备。

（2）图像处理设备

图像处理设备包括硬件和软件两部分，硬件部分如图7.3所示，软件部分的核心技术是图像处理算法。图像处理设备在获取图像后，利用算法对其进行处理与分析，并将结果信号通过以太网或I/O板卡等传输到相应的硬件进行显示和执行。完成与工业机器人之间控制信息和图像数据的通信任务。

3. 吸盘工具

工业机器人工作站分拣异形芯片的吸盘工具采用双功能设计，分单吸盘和双吸盘两部分，如图7.4所示。异形芯片的吸取由单吸盘完成。

吸盘工具控制电磁阀的气路连接示意图如图7.5所示，当单吸盘控制电磁阀通电，即数字量输出信号"o9"为1时，空气通过快换夹具主盘6口被抽出，控制单吸盘为吸真空状态吸取异形芯片。同时，气路中还设置了真空检知设备，用于检测单吸盘气路中的气压值，从而判断单吸盘是否可靠吸取异形芯片。

吸盘工具在放置异形芯片时，因异形芯片和吸嘴间存在负压，会导致两者无法及时分离，因此设置了破真空功能。当破真空控制电磁阀通电，即数字量输出信号"o3"为1时，空气通过快换夹具主盘6口进入，控制单吸嘴向外吹气来消除负压的影响，从而使异形芯片和吸嘴能够及时分离。

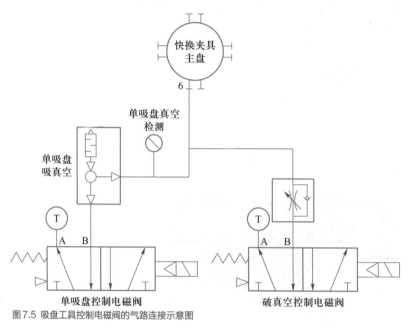

图7.5 吸盘工具控制电磁阀的气路连接示意图

4. 料架单元

料架单元包括异形芯片原料盘、盖板原料位、产品合格位和异形芯片废料盘，如图7.6所示。

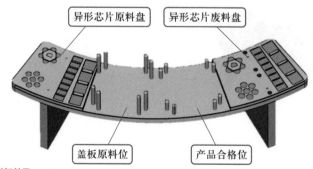

图7.6 料架单元

工业机器人工作站提供了4种模拟芯片，如图7.7所示。异形芯片分别为CPU、集成电路、电容和三极管，每种芯片分别用不同颜色加以区分。并按照要求，摆放在料架单元异形芯片原料盘和废料盘的指定位置。

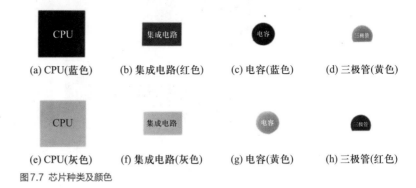

(a) CPU(蓝色)　　(b) 集成电路(红色)　　(c) 电容(蓝色)　　(d) 三极管(黄色)

(e) CPU(灰色)　　(f) 集成电路(灰色)　　(g) 电容(黄色)　　(h) 三极管(红色)

图7.7 芯片种类及颜色

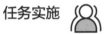

任务实施

设置视觉检测系统参数

1. 获取图像信息

在进行视觉检测之前，要先对视觉检测系统的图像处理软件进行相应的设置来获取图像信息，如图7.8所示。

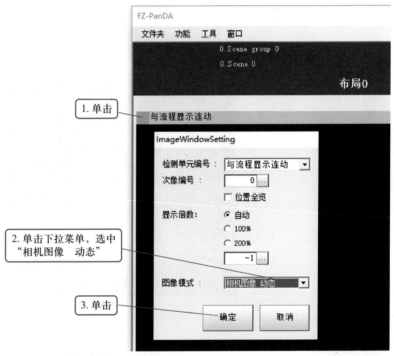

图7.8 设置图像处理软件

完成图像处理软件的设置后，再操作工业机器人抓持吸盘工具，并吸取待检测的异形芯片到达视觉检测区域，如图7.9所示。

(a) 视觉检测区域左视图　　　　　　　　　　　　(b) 视觉检测区域主视图

图7.9 视觉检测区域

完成上述步骤后，调节相机的焦距、光圈和光源，使异形芯片的图像在视觉检测系统的显示器中足够清晰并大小适中，如图7.10所示。最后，将当前工业机器人的位置数据保存在视觉检测位置"jcd"中，等待视觉检测程序的调用。

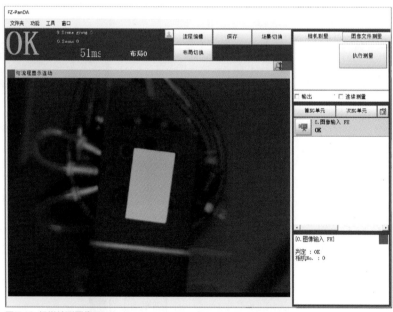

图7.10 视觉检测图像

2. 设置视觉检测系统参数

根据检测异形芯片颜色的工作任务要求，分析得到视觉检测流程：先用"图像输入"功能获取图像信息，再用"标签"功能处理图像信息，最后用"并行数据输出"功能将检测结果发送给工业机器人。现以灰色集成电路异形芯片作为对照，设置视觉检测系统参数的操作步骤如下：

步骤1 进入"流程编辑"界面，如图7.11所示。

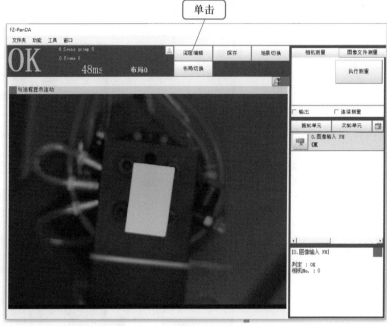

图7.11 进入"流程编辑"界面

步骤2 添加"标签"功能，如图7.12所示。

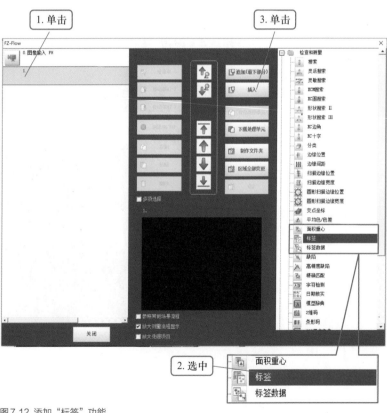

图7.12 添加"标签"功能

步骤3　添加"并行数据输出"功能，如图7.13所示。

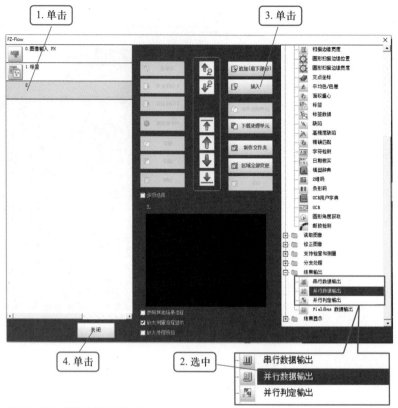

图7.13 添加"并行数据输出"功能

步骤4　设置"标签"功能，如图7.14所示。

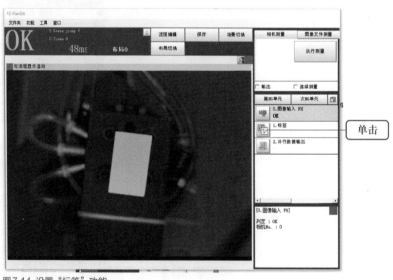

图7.14 设置"标签"功能

步骤5 设置"颜色指定"功能("颜色指定"功能用于设定被检测物体的颜色对照),如图7.15所示。

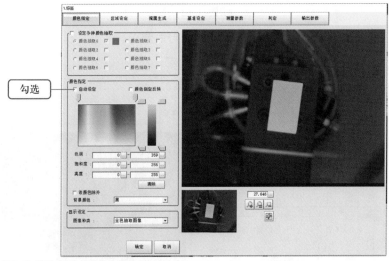

图7.15 设置"颜色指定"功能

步骤6 选取指定区域颜色。从异形芯片左上角合适位置开始,按住鼠标左键不放,拖动鼠标完成图7.16所示图形框后,松开鼠标左键。

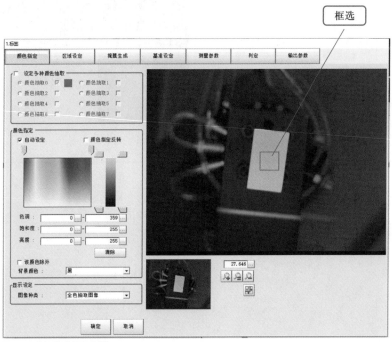

图7.16 选取指定颜色区域

步骤7　观察选取的颜色是否符合要求。对比选取得到的颜色和异形芯片图像的颜色，如图7.17所示，观察是否符合要求，如果选取的颜色不符合要求，单击"清除"按钮，然后重复步骤6，直到选取得到的颜色符合要求。

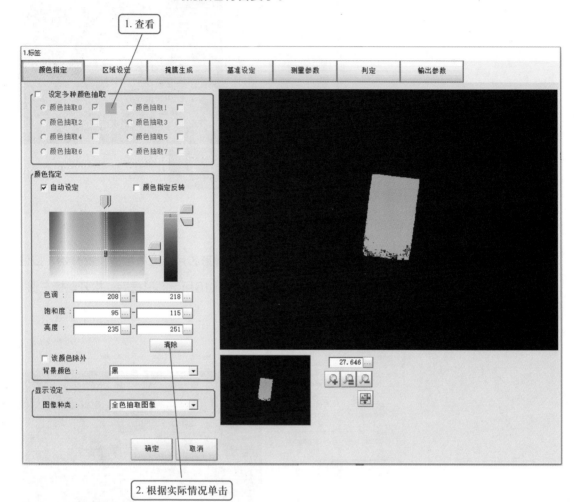

图7.17　选取颜色和实物颜色的对照图

步骤8 进入"区域设定"选项卡，如图7.18所示。

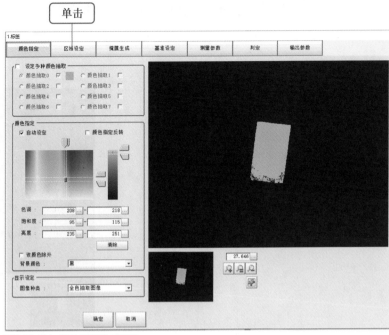

图7.18 进入"区域设定"选项卡

步骤9 "区域设定"的作用是限制检测范围，检测范围过大会影响检测时间和稳定性，所以框选的检测范围要合适，操作步骤如图7.19所示。

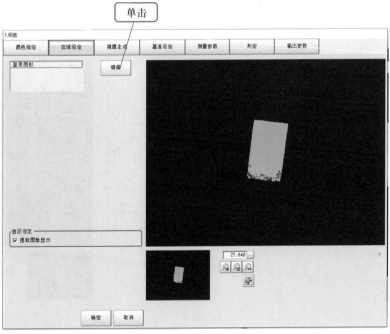

图7.19 编辑"区域设定"

步骤10 选择"登录图形"的形状，如图7.20所示。"登录图形"
的形状可随意选择，只需使异形芯片位于图形框范围内即可。

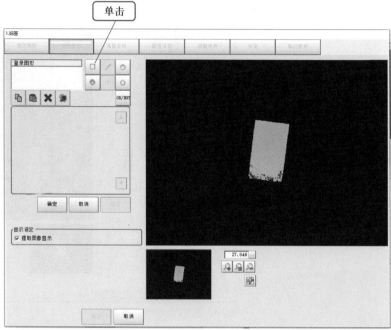

图7.20 选择"登录图形"的形状

步骤11 选中"长方形"图形框四个角的控制柄或内部任意位置并
按住鼠标左键不放进行拖动，调整"登录图形"图形框的大小和位
置，如图7.21所示。

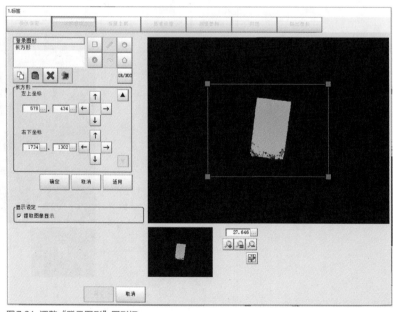

图7.21 调整"登录图形"图形框

步骤12 确认"登录图形"图形框选取,如图7.22所示。

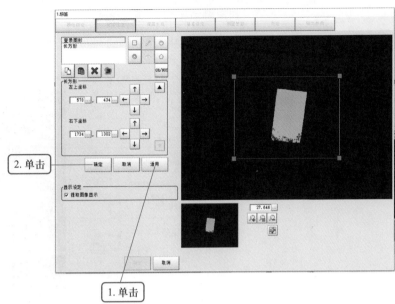

图7.22 确认"登录图形"图形框选取

步骤13 进入"测量参数"选项卡,如图7.23所示。

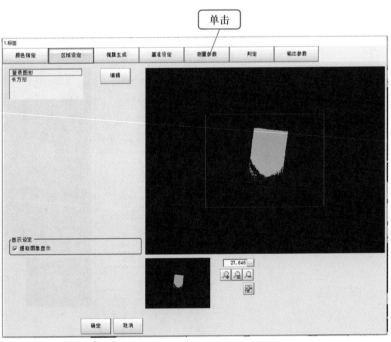

图7.23 进入"测量参数"选项卡

步骤14　当检测范围中存在对照色，并且面积达到一定值时，才能判定颜色相同，"测量参数"选项卡中"抽取条件"的作用是通过对"面积"值的设定来辅助判断，设置步骤如图7.24所示。

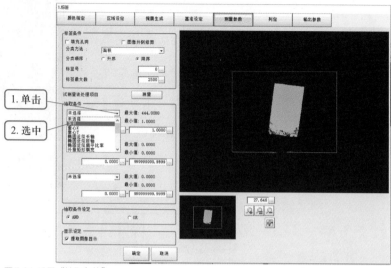

图7.24 设置"抽取条件"

步骤15　设定"面积"最小值，如图7.25所示。

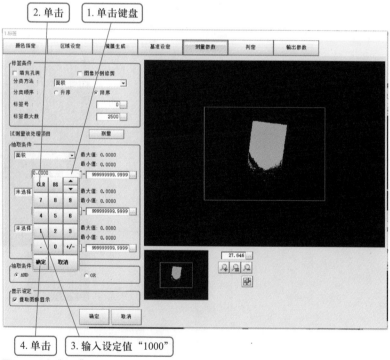

图7.25 设定"面积"最小值

步骤16　进入"判定"选项卡，如图7.26所示。

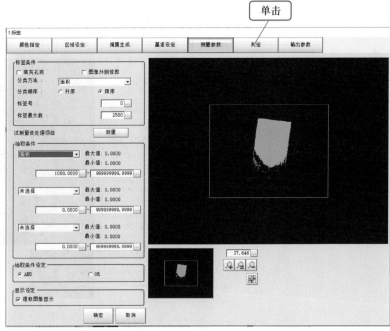

图7.26 进入"判定"选项卡

步骤17　"判定"选项卡中"判定条件"的功能是根据"测量参数"的结果得出被检测异形芯片的颜色是否和对照颜色相同，设置步骤如图7.27所示。

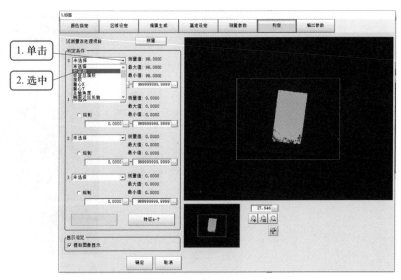

图7.27 设置"判定条件"

步骤18 设定"标签数"最小值,如图7.28所示。

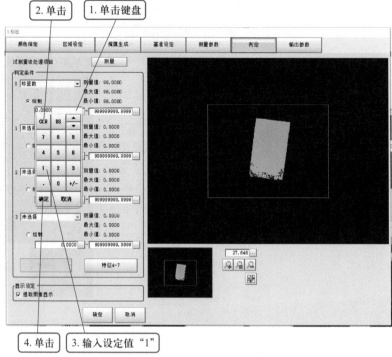

图7.28 设定"标签数"最小值

步骤19 完成"标签"设置,如图7.29所示。

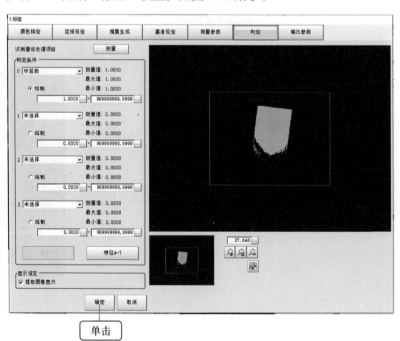

图7.29 完成"标签"设置

3. 调试视觉检测系统

完成视觉检测系统的设置后，需要对其进行简单调试，手动调试视觉检测如图7.30所示。

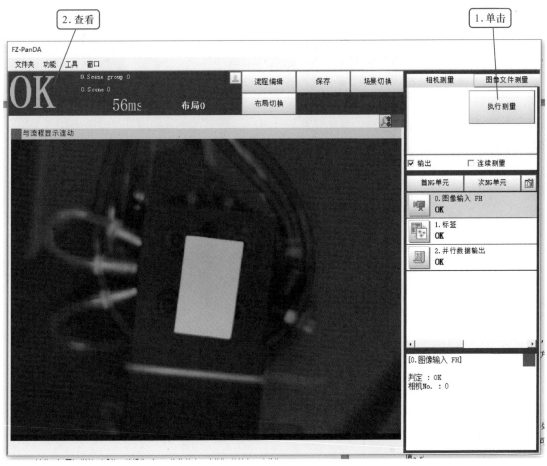

图7.30 手动调试视觉检测

完成视觉检测调试后，如果被测异形芯片的颜色与"颜色指定"设定的对照颜色相同，显示"OK"，否则显示"NG"，并将过程记录在表7.1中。

表7.1 调试视觉检测系统过程记录表

序号	安装调试内容	过程记录
1	接入主电源，检查正常后通电	□完成　□未完成
2	获取图像信息	□完成　□未完成
3	设置视觉检测系统"流程编辑"	□完成　□未完成
4	设置视觉检测系统"标签"的"颜色指定"	□完成　□未完成

续表

序号	安装调试内容	过程记录
5	设置视觉检测系统"标签"的"区域设定"	□完成　□未完成
6	设置视觉检测系统"标签"的"测量参数"	□完成　□未完成
7	设置视觉检测系统"标签"的"判定"	□完成　□未完成
8	调试灰色集成电路异形芯片显示"OK"	□完成　□未完成
9	调试红色集成电路异形芯片显示"NG"	□完成　□未完成

任务评价

请将"设置视觉检测系统"的实训过程、实训收获及实训评价填入"实训评价表"。

任务 2　检测异形芯片颜色

　任务目标

- 知道程序数据的概念和存储类型。
- 知道程序数值数据和赋值指令，会使用赋值指令进行简单计算。
- 会调用例行程序。
- 会编写与调试吸取异形芯片、检测异形芯片颜色的 RAPID 程序。
- 会利用数值数据记录异形芯片的颜色。

任务描述

　　通过本任务的学习，控制工业机器人抓持吸盘工具从料架原料盘4号位置吸取异形芯片，移动到视觉检测区域进行视觉检测后，放回到料架原料盘原位。

　任务准备

1. 程序数据

　　工业机器人的程序数据种类很多，包括关节位置数据jointtarget、位置数据robtarget、转角区域数据zonedata和速度数据speeddata等。程序数据是指能被工业机器人程序处理的具有特定含义的数字、字母、符号和模拟量的总称，它既可以是一种环境数据，也可以是单纯的数值，建立在程序模块或系统模块中，可由同一个模块或其他模块中的指令进行调用。

　　在示教器的"程序数据"界面可查看和创建所需要的程序数据。默认情况下，"程序数据"界面只显示已经使用过的程序数据类型，当需要查看全部程序数据类型时，单击右下角"视图"，选择"全部数据类型"即可，如图7.31所示。

图7.31 工业机器人程序数据种类

2. 程序数据的存储类型

程序数据在建立时，要根据需求明确存储方式，以分配存储空间，常用的程序数据存储类型包括变量、可变量和常量三种。

（1）变量（VAR）

变量型程序数据在程序执行的过程中和停止时，会保持当前的值。在程序中遇到赋值语句后，当前值会发生变化。但如果程序指针复位或者工业机器人控制器重启，数值会恢复为声明变量时赋予的初始值。

（2）可变量（PERS）

无论程序的指针如何变化，工业机器人是否重启，可变量型程序数据都会保持为最后赋予的值。

（3）常量（CONTS）

常量型程序数据在定义时已经赋予了数值，并且不能在程序中进行修改，只能手动修改。

3. 数值数据与赋值指令

赋值指令用于对程序数据进行赋值，只有存储类型为变量或可变量的程序数据才可被赋值，赋值对象可以是一个常数或数学表达式。

例如：将3赋值给a,再将a的值加4赋值给b，参考程序如下：

```
proc Routine1()
    a:=3;                    ! 常量赋值
    b:=a+4;                  ! 数学表达式赋值
endproc
```

程序执行结束后，a的值会被赋予3，b的值会被赋予7。

定义数值数据并进行赋值的操作步骤如下：

步骤1　进入"数值数据"界面，如图7.32所示。

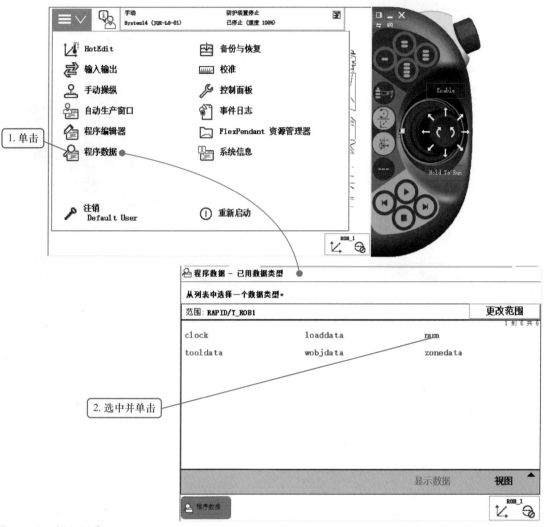

图7.32 进入"数值数据"界面

步骤2 新建数值数据"a",如图7.33所示。

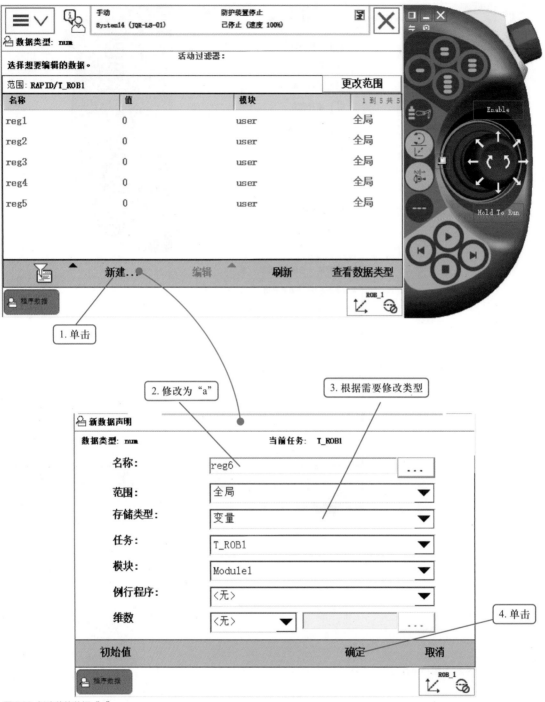

图7.33 新建数值数据"a"

步骤3　修改数值数据的数值，如图7.34所示。

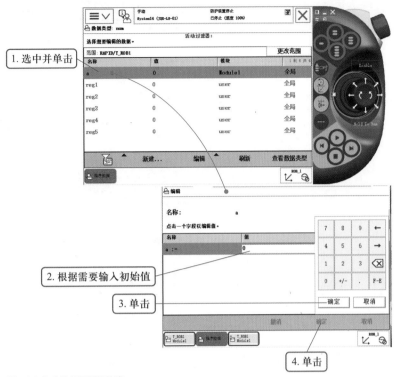

图7.34　修改数值数据的数值

步骤4　新建并修改数值数据"b"，操作步骤与步骤2、步骤3相同。

步骤5　添加赋值指令，如图7.35所示。

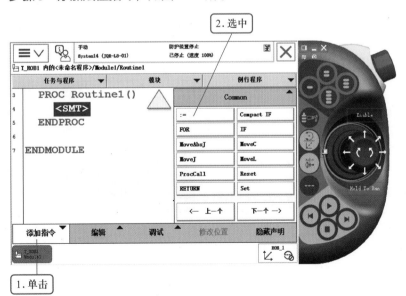

图7.35　添加赋值指令

步骤6 插入表达式"a:=3;",如图7.36所示。

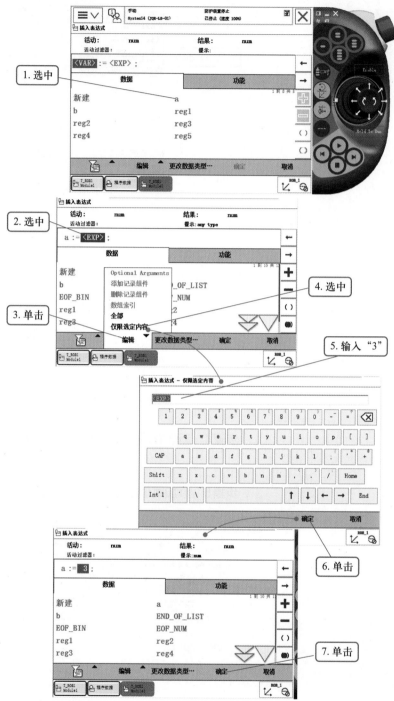

图7.36 插入表达式"a:=3;"

步骤7　添加赋值指令，如图7.37所示。

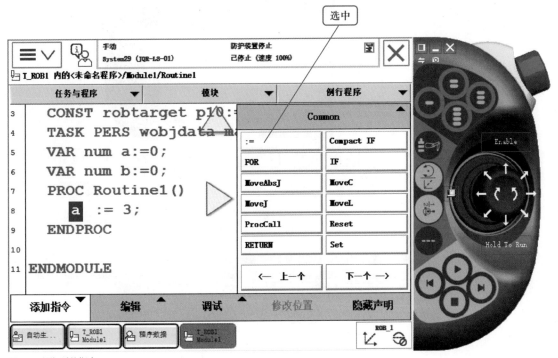

图7.37　添加赋值指令

步骤8 插入表达式"b:=a+4;"，如图7.38所示。

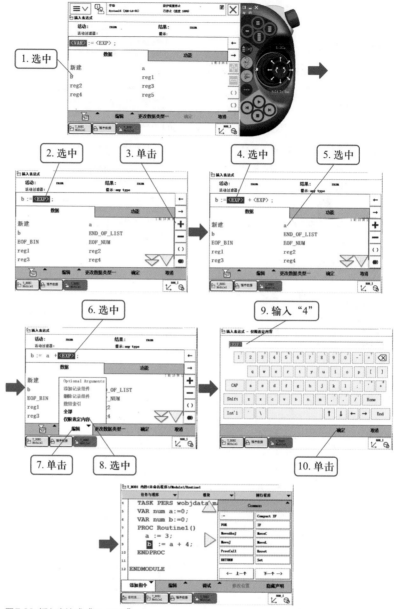

图7.38 插入表达式"b:=a+4;"

4. 程序的调用

在一个完整的生产过程中，工业机器人经常需要重复执行某一段动作或逻辑判断等。因此，在设计工业机器人的RAPID程序时，需要对完整的工作流程进行分解，得到相对独立的小流程，然后为独立的小流程编制程序来实现相应的功能。因此，在执行相同功能时，只需要反复调用对应的程序即可实现要求，其中调用例行程序的指令为"ProcCall"。

如轨迹涂胶的工作任务要求工业机器人按第一条轨迹、第三条轨迹、第二条轨迹和第三条轨迹的顺序完成涂胶。此时,可依次编写第一、二、三条轨迹程序,并分别命名为"guiji1""guiji2"和"guiji3",最后通过程序的调用,得到主程序如下:

```
proc main()
        guiji1;          ! 第一条轨迹
        guiji3;          ! 第三条轨迹
        guiji2;          ! 第二条轨迹
        guiji3;          ! 第三条轨迹
endproc
```

在程序模块中,利用"main"和"guiji1"两个例行程序,完成在"main"例行程序中调用"guiji1"例行程序,操作步骤如下:

步骤1 进入"例行程序"界面,如图7.39所示。

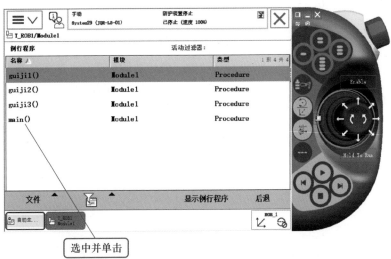

图7.39 进入"例行程序"界面

步骤2　添加例行程序调用指令，如图7.40所示。

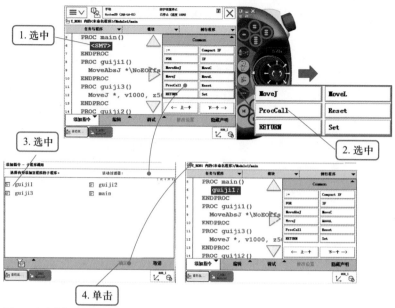

图7.40 添加例行程序调用指令

1. 分析检测异形芯片颜色的工作流程

工业机器人抓持吸盘工具从料架原料盘4号位置吸取异形芯片，移动到视觉检测区域，对照灰色CPU异形芯片进行视觉检测，并将颜色信息赋值给数值数据后，放回料架原料盘原位。

根据检测异形芯片颜色的工作任务要求，分析得到的工作流程图如图7.41所示。

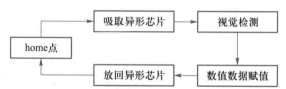

图7.41 检测异形芯片颜色流程图

检测异形芯片颜色的工作流程较为复杂，如果编写一个例行程序来实现全部功能会使程序结构变得复杂，导致可读性较差。因此，可将其按功能进行分解，得到的例行程序如下：

（1）安装吸盘工具例行程序的名称设为"zhuangxpgj"。

（2）吸取异形芯片例行程序的名称设为"quyxxp"。

（3）视觉检测例行程序的名称设为"sj"。

（4）放回异形芯片例行程序的名称设为"fangyxxp"。

（5）拆卸吸盘工具例行程序的名称设为"chaixpgj"。

2. 配置工业机器人I/O信号

根据检测异形芯片颜色的工作任务要求，工业机器人所需的I/O通信单元参数见表7.2。

表7.2 I/O通信单元参数

标准I/O板卡	Name	address
DSQC D652 24 VDC I/O Device	D652	10

根据检测异形芯片颜色的工作任务要求，工业机器人所需的数字量输入信号见表7.3。

表7.3 数字量输入信号分配表

I/O板卡地址	信号名称（DI）	功能表述	对应关系	对应I/O
13	i13	视觉结果	CCD	OR
14	i14	视觉完成	CCD	GATE
15	i15	视觉运行	CCD	READY

根据检测异形芯片颜色的工作任务要求，工业机器人所需的数字量输出信号见表7.4。

表7.4 数字量输出信号分配表

I/O板卡地址	信号名称（DO）	功能表述	对应关系	对应I/O
3	o3	破真空（单）	工具	—
7	o7	快换装置	工具	—
9	o9	吸真空（单）	工具	—
10	o10	允许拍照	CCD	STEP0
15	o15	场景确认	CCD	DI7

根据检测异形芯片颜色的工作任务要求，工业机器人所需的数字量组输出信号见表7.5。

表7.5 数字量组输出信号分配表

I/O板卡地址	信号名称（GO）	功能表述	对应关系	对应I/O
11 ~ 14	go2	视觉	CCD	DI0 ~ DI3

根据表7.2 ~ 表7.5，配置工业机器人I/O信号单元以及控制信号。

3. 示教检测异形芯片颜色位置

根据检测异形芯片颜色的工作任务要求，需要创建料架原料盘4号位置的位置数据，命名为"xp4"。

示教异形芯片位置的操作步骤如下：

步骤1　进入"位置数据"界面，创建位置"xp4"，如图7.42所示。

图7.42 进入"位置数据"界面

图7.43 手动安装吸盘工具

步骤2　手动安装吸盘工具，如图7.43所示。

步骤3 示教目标位置，如图7.44所示。

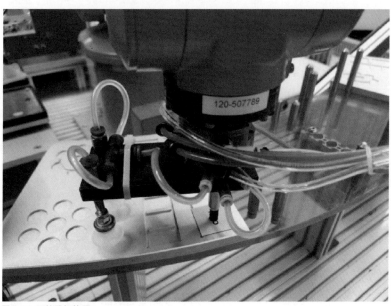

图7.44 示教目标位置

步骤4 修改目标位置，如图7.45所示。

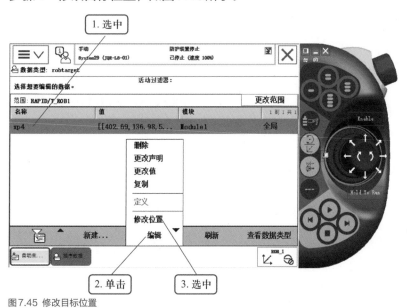

图7.45 修改目标位置

4. 编写检测异形芯片颜色的RAPID程序

（1）编写检测异形芯片颜色的主程序

根据检测异形芯片颜色的工作过程分析，得到参考程序如下：

```
proc main()
     zhuangxpgj;              ! 安装吸盘工具
     quyxxp;                  ! 吸取异形芯片
     sj;                      ! 视觉检测
     ys:=i13;                 ! 数值数据赋值（记录芯片颜色）
     fangyxxp;                ! 放回异形芯片
     chaixpgj;                ! 拆卸吸盘工具
endproc
```

数字量输入信号"i13"在视觉检测系统判断结果"OK"时为1，在视觉检测系统判断结果"NG"时为0。

（2）编写吸取和放回异形芯片的例行程序

根据吸取和放回异形芯片的工作过程分析，得到参考程序如下：

```
proc quyxxp()
     movel offs(xp4,0,0,100),v500,z50,tool0;
     movel offs(xp4,0,0,20),v100,z50,tool0;
     movel xp4,v20,fine,tool0;
     waittime 0.5;
     set o9;                  ! 置位吸真空功能
     waittime 0.5;
     movel offs(xp4,0,0,20),v20,fine,tool0;
     movel offs(xp4,0,0,100),v500,z50,tool0;
endproc
proc fangyxxp()
     movel offs(xp4,0,0,100),v500,z50,tool0;
     movel offs(xp4,0,0,20),v100,z50,tool0;
     movel xp4,v20,fine,tool0;
     waittime 0.5;
     reset o9;                ! 复位吸真空功能
```

```
        set o3;                                    ！置位破真空功能
        waittime 0.5;
        movel offs(xp4,0,0,20),v20,fine,tool0;
        reset o3;                                  ！复位破真空功能
        movel offs(xp4,0,0,100),v500,z50,tool0;
    endproc
```

（3）编写视觉检测的例行程序

根据视觉检测的工作过程分析，得到参考程序如下：

```
    proc sj()
        movel jcd,v1000,fine,tool0;        ！移动到检测点
        waittime 0.1;
        setgo go2,0;                       ！选择0号场景
        reset o10;                         ！复位允许拍照信号
        set o15;                           ！置位场景确认信号
        waittime 0.1;
        set o10;                           ！置位允许拍照信号
        waittime 0.1;
        reset o10;                         ！复位允许拍照信号
        reset o15;                         ！复位场景确认信号
    endproc
```

视觉检测例行程序的指令是相对固定的，只需要根据检测要求，改变数字量组输出信号"go2"的数值，即可切换到相应的视觉场景。参考程序中选择的视觉场景为"0"，用户可根据实际情况进行修改。

5. 调试检测异形芯片颜色的RAPID程序

完成程序的编辑之后，需要通过上机运行验证结果的正确性，并将过程记录在表7.6中。

表7.6 检测异形芯片颜色过程记录表

序号	安装调试内容	过程记录	
1	接入主电源，检查正常后通电	□完成	□未完成
2	通信单元I/O信号设定	□完成	□未完成
3	编写视觉检测的例行程序	□完成	□未完成
4	安装吸盘工具	□完成	□未完成
5	吸取异形芯片	□完成	□未完成
6	视觉检测且检测结果正确	□完成	□未完成
7	放回异形芯片	□完成	□未完成
8	拆卸吸盘工具	□完成	□未完成
9	数值数据"ys"与检测结果相符	□完成	□未完成

任务评价

请将"检测异形芯片颜色"的实训过程、实训收获及实训评价填入"实训评价表"。

✎ 项目总结

电子电路装配是工业机器人的典型应用之一。安装PCB之前，需要用工业相机视觉检测系统，对异形芯片按照颜色、形状和位置等特征信息进行分类。在本项目中，学习了"设置视觉检测系统""检测异形芯片颜色"2个任务。

在"设置视觉检测系统"任务中，学习了视觉检测系统的基本组成，通过设置视觉检测系统获取图像信息、设置视觉检测系统参数、调试视觉检测系统等步骤，学会了手动控制视觉检测系统检测异形芯片的颜色。

在"检测异形芯片颜色"任务中，学习了程序数据、数值数据与赋值指令和程序调用等，通过分析检测异形芯片颜色的工作流程、配置工业机器人I/O信号、示教检测异形芯片颜色位置、编写检测异形芯片颜色程序、调试检测异形芯片颜色的RAPID程序等步骤，学会了控制工业机器人抓持吸盘工具完成"吸取异形芯片—视觉检测—数值赋值—放回异形芯片"的工作过程。

检测异形芯片思维导图如图7.46所示。

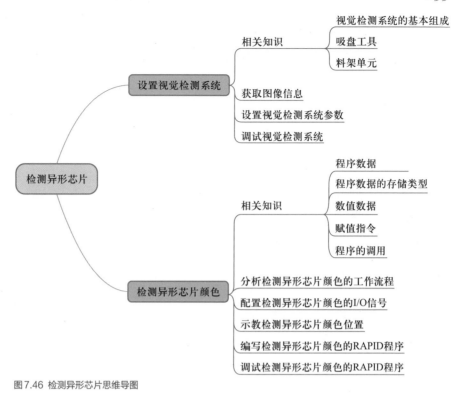

图7.46 检测异形芯片思维导图

思考与实践

1. 什么是视觉检测系统？视觉检测系统有哪些基本组成部分？
2. 单吸盘工具控制电磁阀的信号名称是什么？
3. 什么是程序数据？程序数据的存储类型有哪些？
4. 什么是赋值？
5. 写出视觉检测的例行程序。

安装PCB

项目目标

- 会编写和调试分拣一块异形芯片的RAPID程序。
- 会使用数组记录异形芯片的位置和颜色。
- 会编写和调试检测多块异形芯片的RAPID程序。
- 会编写和调试检测安装一块异形芯片到PCB的RAPID程序。

项目导入

　　当今社会，信息化和互联网已经深入每个人的生活，以电子设备为主的3C产品成为了消费品的主体之一。生产企业使用工业机器人代替人工，工业机器人已经全面参与动作单一、强度较大的电子电路板安装的实际生产，在保证良品率的基础上，还能极大地提高产品的生产效率。图8.1所示为电子产品的PCB，使用工业机器人进行PCB的安装，就是根据要求从料架原料盘中选取所需的异形芯片，放置到PCB指定位置的过程。

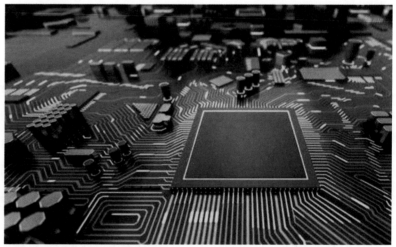

图8.1 电子产品的PCB

　　那么，如何编写和调试RAPID程序控制工业机器人安装PCB呢？让我们一起来做一做，学一学！

项目实施

任务 1　分拣一块异形芯片

任务目标

- 知道IF条件判断指令。
- 会编写和调试分拣一块异形芯片的RAPID程序。

任务描述

　　通过本任务的学习，控制工业机器人抓持吸盘工具从料架原料盘5号位置吸取异形芯片，移动到视觉检测区域进行视觉检测。如果检测后判断异形芯片为灰色，则放回料架原料盘5号位置；如果判断异形芯片为红色，则放回料架原料盘12号位置。

任务准备

1.　自动分拣系统

　　自动分拣系统是先进配送和生产制造所必需的设施条件之一，它可以代替人工进行货物的分类、搬运和装卸工作，或代替人类搬运危险物品，提高生产和工作效率，保障工人的人身安全，实现自动化、智能化、无人化。自动分拣系统已成为现代生产、物流的重要组成部分。随着工业4.0的发展，无人化生产模式将逐步实现，生产及物流等对货物的分拣要求也将越来越高。智能分拣系统分拣速度快、精度高，还能依据物品不同的类别（尺寸、形状、颜色等）、批次、流向等信息，快捷、准确地将物品拣取出来，并按下发的指令自动完成分类、集中、配装等作业。

　　自动分拣系统中比较常用的工业机器人为并联机器人，如图8.2所示。并联机器人是由动平台和定平台通过至少两个独立的运动链相连接，具有两个或两个以上自由度，且以并联方式驱动的一种闭环机构。

　　并联机器人的驱动装置可置于定平台上或接近定平台的位置，其特点为：重量轻，速度高，动态响应好；无累积误差，精度较高；结构紧凑，刚度高，承载能力大；完全对称的并联机构具有较好的各向同性；工作空间较小等。

图8.2 并联机器人IRB 360

2. 异形芯片料盘

异形芯片料盘用来放置异形芯片，分为原料盘和废料盘两部分，同时对异形芯片的位置设置了编号，如图8.3所示。

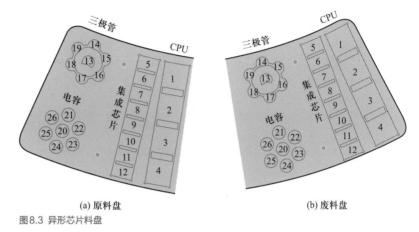

(a) 原料盘　　　　　　　　　　　(b) 废料盘

图8.3 异形芯片料盘

3. IF条件判断指令

IF条件判断指令用于根据不同的条件去执行相应的程序语句。在指令执行过程中，系统按照顺序，依次判断指令中的条件表达式是否满足要求，如果有条件表达式满足要求，则执行对应的程序语句；当对应的程序语句执行完成后，直接结束IF条件判断指令，不再对指令中剩余的条件表达式进行判断。

IF条件判断指令的常用结构有以下几种：

（1）IF条件判断指令中只有一个条件表达式，且只有该条件表达式满足要求时，才执行对应的程序语句，否则不执行任何操作。指令结构为：

```
IF <EXP> THEN
      <SMT>
ENDIF
```

例如：如果a等于3，则将a的值加3，赋值给b，否则不执行任何操作。参考程序如下：

```
IF a=3 THEN
      b:=a+3;
ENDIF
```

（2）IF条件判断指令中只有一个条件表达式，根据条件表达式是否满足，去执行对应的程序语句。其中，条件表达式不满足时需要执行的程序语句通过ELSE来对应。指令结构为：

```
IF <EXP> THEN
    <SMT>
ELSE
    <SMT>
ENDIF
```

例如：如果a等于3，则将1赋值给b；如果a不等于3，则将a的值加3，赋值给b。参考程序如下：

```
IF a=3 THEN
    b:=1;
ELSE
    b:=a+3;
ENDIF
```

（3）IF条件判断指令中条件表达式有多个时，可通过

```
ELSEIF <EXP> THEN
    <SMT>
```

来添加条件表达式及其对应的程序语句。指令结构为：

```
IF <EXP> THEN
    <SMT>
ELSEIF <EXP> THEN
    <SMT>
…
ELSEIF <EXP> THEN
    <SMT>
ELSE
    <SMT>
ENDIF
```

例如：如果a等于1，则将a的值加2，赋值给b；如果a等于2，则将4赋值给b；如果a不等于1也不等于2，则将1赋值给b。参考程序如下：

```
IF a=1 THEN
    b:=a+2;
ELSEIF a=2 THEN
    b:=4;
ELSE
    b:=1;
ENDIF
```

4. 创建IF条件判断指令

创建IF条件判断指令

例行程序中，在执行IF条件判断指令前，要先设定a的初始值，使条件判断指令根据条件表达式的满足情况，去执行不同的程序语句，令b被赋予不同的值。

参考程序如下：

```
proc Routine1()
    a:=1;                          ！ 给a设定初始值
    IF a=1 THEN
        b:=a+2;
    ELSEIF a=2 THEN
        b:=4;
    ELSE
        b:=1;
    ENDIF
endproc
```

创建IF条件判断指令的操作步骤如下：

步骤1　添加IF条件判断指令，如图8.4所示。

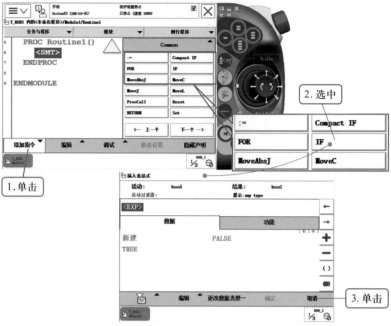

图8.4　添加IF条件判断指令

步骤2　设置条件判断指令结构，如图8.5所示。

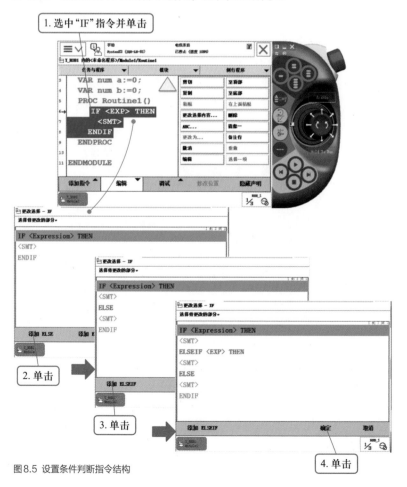

图8.5　设置条件判断指令结构

步骤3 添加条件表达式，如图8.6所示。

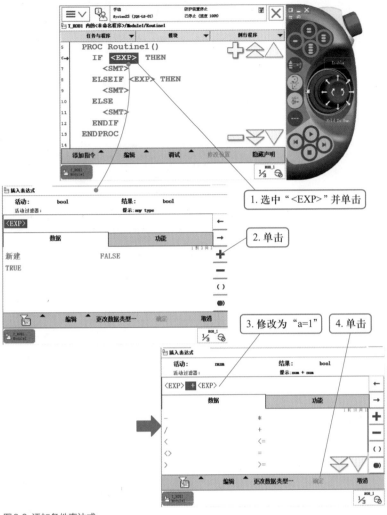

图8.6 添加条件表达式

步骤4 添加程序语句，如图8.7所示。

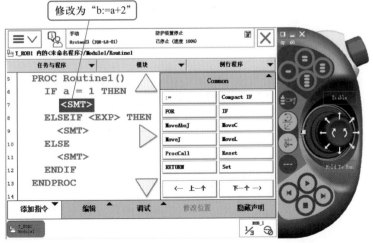

图8.7 添加程序语句

步骤5　复制粘贴表达式，如图8.8所示。

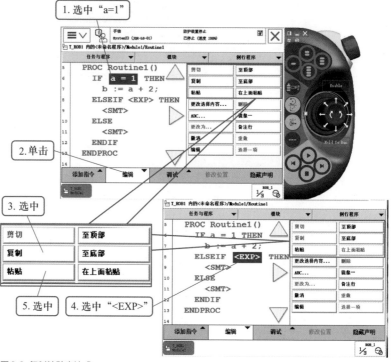

图8.8 复制粘贴表达式

步骤6　修改表达式，如图8.9所示。

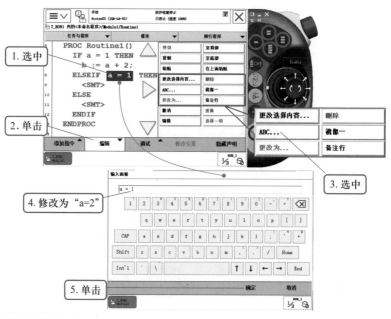

图8.9 修改表达式

步骤7 添加程序语句，如图8.10所示。

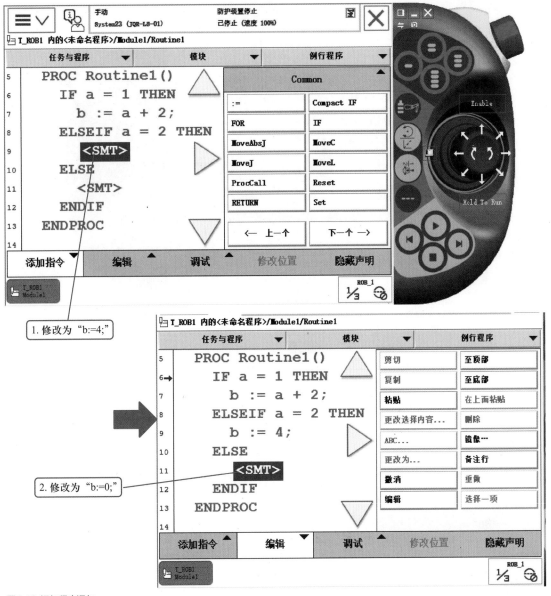

图8.10 添加程序语句

步骤8　添加赋值指令，为a设定初始值，如图8.11所示。

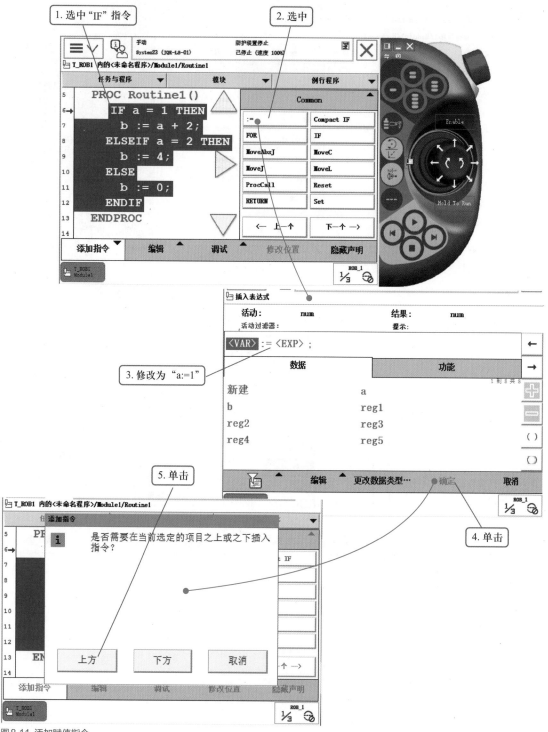

图8.11 添加赋值指令

步骤9 手动模式下调试程序后，查看运行结果，如图8.12所示。

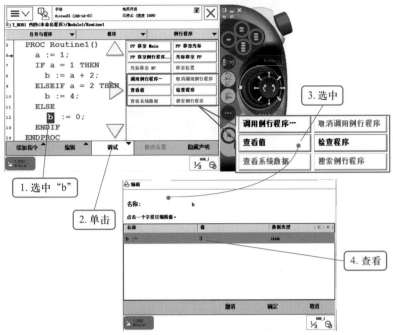

图8.12 手动模式下调试程序后，查看运行结果

任务实施

1. 分析分拣一块异形芯片的工作流程

工业机器人抓持吸盘工具从料架原料盘5号位置吸取异形芯片，移动到视觉检测区域进行视觉检测。如果检测后判断异形芯片为灰色，则放回料架原料盘5号位置；如果判断异形芯片为红色，则放回料架原料盘12号位置。

根据分拣一块异形芯片的工作任务要求，分析得到的工作流程图，如图8.13所示。

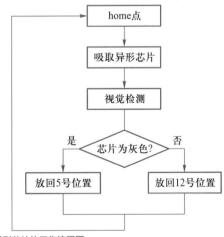

图8.13 分拣一块异形芯片的工作流程图

2. 配置工业机器人I/O信号

根据分拣一块异形芯片的工作任务要求，工业机器人所需的I/O通信单元参数见表8.1。

表8.1 I/O通信单元参数

标准I/O板卡	Name	address
DSQC D652 24 VDC I/O Device	D652	10

根据分拣一块异形芯片的工作任务要求，工业机器人所需的数字量输入信号见表8.2。

表8.2 数字量输入信号分配表

I/O板卡地址	信号名称（DI）	功能表述	对应关系	对应I/O
13	i13	视觉结果	CCD	OR
14	i14	视觉完成	CCD	GATE
15	i15	视觉运行	CCD	READY

根据分拣一块异形芯片的工作任务要求，工业机器人所需的数字量输出信号见表8.3。

表8.3 数字量输出信号分配表

I/O板卡地址	信号名称（DO）	功能表述	对应关系	对应I/O
3	o3	破真空（单）	工具	—
7	o7	快换装置	工具	—
9	o9	吸真空（单）	工具	—
10	o10	允许拍照	CCD	STEP0
15	o15	场景确认	CCD	DI7

根据分拣一块异形芯片的工作任务要求，工业机器人所需的数字量组输出信号见表8.4。

表8.4 数字量组输出信号分配表

I/O板卡地址	信号名称（GO）	功能表述	对应关系	对应I/O
11 ~ 14	go2	视觉	CCD	DI0 ~ DI3

根据表8.1～表8.4，配置工业机器人I/O信号单元以及控制信号。

3. 示教分拣一块异形芯片的位置

根据分拣一块异形芯片的工作任务要求，需要创建料架原料盘5号位置和12号位置的位置数据，命名为"xp5"和"xp12"。

为保证示教异形芯片位置的准确性，在示教两个异形芯片位置数据的过程中，始终需要保持吸盘工具和异形芯片之间的相对位置。

4. 编写分拣一块异形芯片的RAPID程序

根据分拣一块异形芯片的工作过程分析，得到参考程序如下：

```
proc main()
        zhuaxpgj;               ！安装吸盘工具
        quyxxp;                 ！吸取异形芯片
        sj;                     ！视觉检测
        if i13=1 then           ！数据判断
                fangyxxp1;      ！放回异形芯片（5号位置）
        else
                fangyxxp2;      ！放回异形芯片（12号位置）
        endif
        chaixpgj;               ！拆卸吸盘工具
endproc
```

5. 调试分拣一块异形芯片的RAPID程序

完成程序的编辑之后，需要通过上机运行来验证结果的正确性，并将过程记录在表8.5中。

表8.5 分拣一块异形芯片过程记录表

序号	安装调试内容	过程记录
1	接入主电源，检查正常后通电	□完成　□未完成
2	设定通信单元I/O信号	□完成　□未完成
3	视觉检测且检测结果正确	□完成　□未完成
4	根据检测结果放置异形芯片到指定位置	□完成　□未完成

任务评价

请将"分拣一块异形芯片"的实训过程、实训收获及实训评价填入"实训评价表"。

任务 2 检测多块异形芯片

任务目标

- 知道数组的概念。
- 知道FOR重复判断指令。
- 会使用数组记录异形芯片的位置和颜色。
- 会编写和调试检测多块异形芯片的RAPID程序。

任务描述

通过本任务的学习，控制工业机器人抓持吸盘工具从料架原料盘1~4号位置依次吸取异形芯片，移动到视觉检测区域进行视觉检测后，放回料架原料盘原位。

任务准备

1. 数组

在程序设计中，为了处理方便，可以把相同类型的若干元素按有序的形式组织起来，这些按序排列的同类数据元素的集合称为数组。

一维数组是最简单的数组，其逻辑结构是线性表。如由4个元素组成的数值数据a（第一维度为4），其元素分别为a{1}、a{2}、a{3}和a{4}。

二维数组在概念上是二维的，即在两个维度上变化。如由6个元素组成的位置数据xp（第一维度为2，第二维度为3），其元素分别为xp{1,1}、xp{1,2}、xp{1,3}、xp{2,1}、xp{2,2}和xp{2,3}。

对异形芯片的位置进行示教时，可利用数组记录多个位置数据。料架原料盘中1~4号位置为4块CPU，创建一个包含4个元素的一维数组xp，位置数据分别为xp{1}、xp{2}、xp{3}和xp{4}，操作步骤如下：

步骤1　新建位置数据，如图8.14所示。

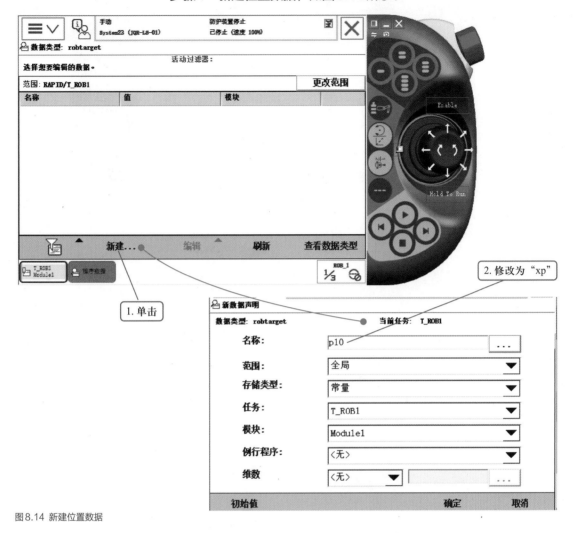

图8.14 新建位置数据

步骤2 设置位置数据数组维度，如图8.15所示。

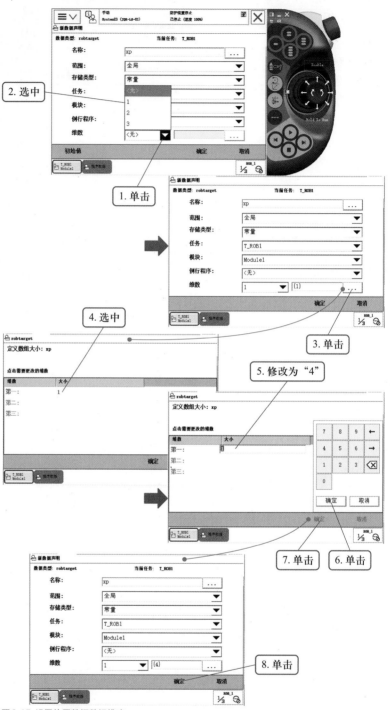

图8.15 设置位置数据数组维度

步骤3　查看位置数据数组元素，如图8.16所示。

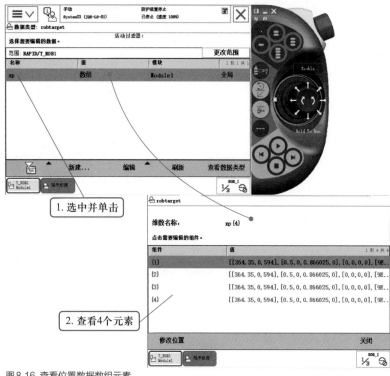

图8.16 查看位置数据数组元素

2. FOR重复判断指令

FOR重复判断指令用于一条或多条指令需要重复执行若干次的情况，指令结构为：

FOR <ID> FROM <EXP> TO <EXP> DO

　　<SMT>

ENDFOR

如利用FOR重复判断指令将程序语句"a:=a+2;"重复执行4次。参考程序如下：

proc main

　　FOR c FROM 1 TO 4 DO

　　　a:=a+2;

　　ENDFOR

endproc

程序执行结束后，a的值会被赋予8。

创建FOR重复判断指令的操作步骤如下：

步骤1　添加重复判断指令，如图8.17所示。

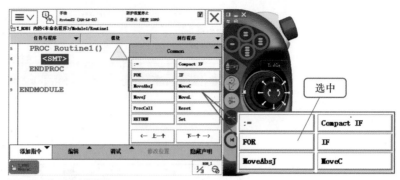

图8.17 添加重复判断指令

步骤2　设置指令参数，如图8.18所示。

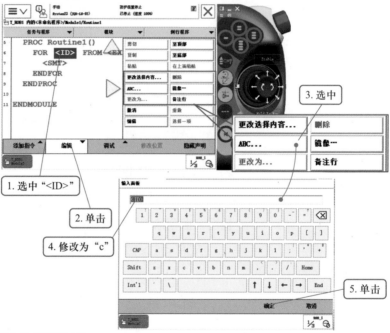

图8.18 设置指令参数

步骤3 设置循环次数，如图8.19所示。

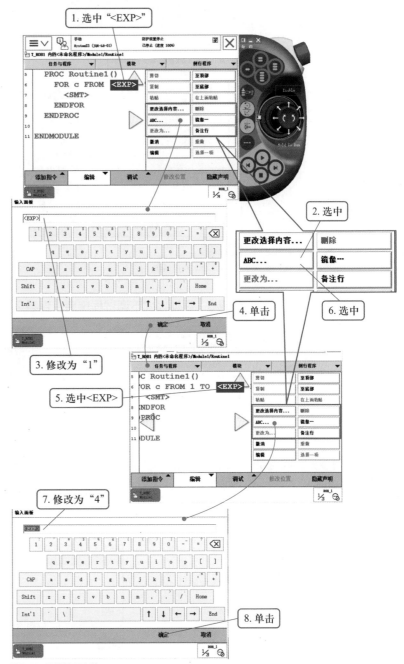

图8.19 设置循环次数

步骤4 添加程序语句，如图8.20所示。

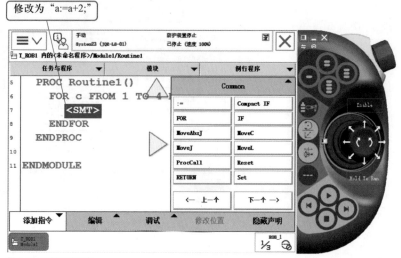

图8.20 添加程序语句

步骤5 手动模式下调试程序后，查看运行结果，如图8.21所示。

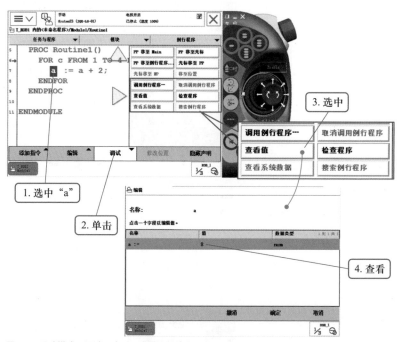

图8.21 手动模式下调试程序后，查看运行结果

3. 使用FOR重复判断指令赋值数组

现在要设计使用FOR重复判断指令赋值数组的RAPID程序，使一维数值数组 "b" 中的元素 b{1} 等于2、b{2} 等于4、b{3} 等于6。

根据工作任务可知，三个元素要求被赋予的数值之间满足表达式Y=X*2，因此可利用FOR重复判断指令循环执行该表达式，来实现数值数组的赋值。

参考程序如下：

```
proc main()
    for c from 1 to 3 do
        i:=i+1;
        b{i}:=i*2;                          ！数值数组赋值
    endfor
endproc
```

程序执行结束后，b{1}的值会被赋予2，b{2}的值会被赋予4，b{3}的值会被赋予6。

任务实施

1. 分析检测多块异形芯片的工作流程

工业机器人抓持吸盘工具从料架原料盘1～4号位置依次吸取异形芯片，移动到视觉检测区域，对照灰色异形芯片进行视觉检测。将颜色信息赋值给数值数据后，放回料架原料盘原位。

根据检测多块异形芯片的工作任务要求，分析得到的工作流程图如图8.22所示。

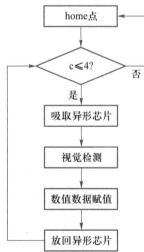

图8.22 检测多块异形芯片的工作流程图

2. 配置工业机器人I/O信号

根据检测多块异形芯片的工作任务要求，工业机器人所需的I/O

通信单元参数见表8.6。

表8.6 I/O通信单元参数

标准I/O板卡	Name	address
DSQC D652 24 VDC I/O Device	D652	10

　　　　根据检测多块异形芯片的工作任务要求，工业机器人所需的数字量输入信号见表8.7。

表8.7 数字量输入信号分配表

I/O板卡地址	信号名称（DI）	功能表述	对应关系	对应I/O
13	i13	视觉结果	CCD	OR
14	i14	视觉完成	CCD	GATE
15	i15	视觉运行	CCD	READY

　　　　根据检测多块异形芯片的工作任务要求，工业机器人所需的数字量输出信号见表8.8。

表8.8 数字量输出信号分配表

I/O板卡地址	信号名称（DO）	功能表述	对应关系	对应I/O
3	o3	破真空（单）	工具	—
7	o7	快换装置	工具	—
9	o9	吸真空（单）	工具	—
10	o10	允许拍照	CCD	STEP0
15	o15	场景确认	CCD	DI7

　　　　根据检测多块异形芯片的工作任务要求，工业机器人所需的数字量组输出信号见表8.9。

表8.9 数字量组输出信号分配表

I/O板卡地址	信号名称（GO）	功能表述	对应关系	对应I/O
11 ~ 14	go2	视觉	CCD	DI0 ~ DI3

根据表8.6 ～ 表8.9，配置工业机器人 I/O 信号单元以及控制信号。

3. 示教检测多块异形芯片的位置

根据检测多块异形芯片的工作任务要求，需要利用数组创建料架原料盘1 ～ 4号位置的位置数据，命名为"yl"，共4个元素。

4. 编写检测多块异形芯片的 RAPID 程序

（1）编写检测多块异形芯片的主程序

根据检测多块异形芯片的工作过程分析，得到参考程序如下：

```
proc main()
    zhuangxpgj;
    i:=0;
    for c from 1 to 4 do
        i:=i+1;
        quyxxp;
        sj;
        ys{i}:=i13;
        fangyxxp;
    endfor
    chaixpgj;
endproc
```

根据检测多块异形芯片的工作任务要求，需要利用数组记录料架原料盘1~4号位置异形芯片的颜色，该数组命名为"ys"，共4个元素。

（2）编写吸取和放回异形芯片的例行程序

根据吸取和放回异形芯片的工作过程分析，得到参考程序如下：

```
proc quyxxp()
    movel offs(yl{i},0,0,100),v500,z50,tool0;
    movel offs(yl{i},0,0,20),v100,z50,tool0;
    movel yl{i},v20,fine,tool0;
    waittime 0.5;
    set o9;
    waittime 0.5;
    movel offs(yl{i},0,0,20),v20,fine,tool0;
```

```
                movel offs(yl{i},0,0,100),v500,z50,tool0;
        endproc
        proc fangyxxp()
                movel offs(yl{i},0,0,100),v500,z50,tool0;
                movel offs(yl{i},0,0,20),v100,z50,tool0;
                movel yl{i},v20,fine,tool0;
                waittime 0.5;
                reset o9;
                set o3;
                waittime 0.5;
                movel offs(yl{i},0,0,20),v20,fine,tool0;
                reset o3;
                movel offs(yl{i},0,0,100),v500,z50,tool0;
        endproc
```

5. 调试检测多块异形芯片的RAPID程序

完成程序的编辑之后，需要通过上机运行来验证结果的正确性，并将过程记录在表8.10中。

表8.10 检测多块异形芯片过程记录表

序号	安装调试内容	过程记录
1	接入主电源，检查正常后通电	□完成　□未完成
2	第1块异形芯片视觉检测且与检测结果相符	□完成　□未完成
3	第2块异形芯片视觉检测且与检测结果相符	□完成　□未完成
4	第3块异形芯片视觉检测且与检测结果相符	□完成　□未完成
5	第4块异形芯片视觉检测且与检测结果相符	□完成　□未完成
6	数值数据ys{1}数值与检测结果相符	□完成　□未完成
7	数值数据ys{2}数值与检测结果相符	□完成　□未完成
8	数值数据ys{3}数值与检测结果相符	□完成　□未完成
9	数值数据ys{4}数值与检测结果相符	□完成　□未完成

任务评价 　　　　请将"检测多块异形芯片"的实训过程、实训收获及实训评价填入"实训评价表"。

任务 3 安装一块异形芯片到PCB

 任务目标

- 知道PCB结构。
- 知道GOTO跳转指令和Label标签指令。
- 会编写和调试安装一块异形芯片到PCB的RAPID程序。

 任务描述

通过本任务的学习，控制工业机器人抓持吸盘工具，根据PCB的目标安装状态，从料架原料盘中吸取指定颜色的异形芯片，安装到PCB中。

 任务准备

1. PCB

工业机器人工作站的异形芯片分拣在PCB和料架上完成，一共提供了4块PCB，在其底板用不同的产品型号进行区分，每种型号各一块。每块PCB对异形芯片的种类、数量、颜色及安装位置均有所区别。如图8.23所示，4块PCB的产品编号分别为A03、A04、A05和A06。

(a) A03产品

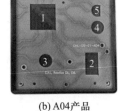
(b) A04产品

(c) A05产品

(d) A06产品

图8.23 PCB

2. PCB目标安装状态

目标安装状态用于指示PCB特定位置在安装时对异形芯片形状和颜色的要求。以PCB A03为例，不同的位置要求安装不同形状的异形芯片，同时对异形芯片的颜色进行了限定，见表8.11。

表8.11 PCB目标安装状态

产品编号	目标安装状态				
	1号位置	2号位置	3号位置	4号位置	5号位置
A03	CPU	集成电路	电容	电容	三极管
	灰	红	黄	蓝	黄

3. GOTO跳转指令和Label标签指令

Label标签指令相当于一个标签，用于指示与其成对使用的GOTO跳转指令的跳转位置，从而实现程序从跳转指令所在位置直接跳转到标签所在位置。使用过程中，两者是成对出现的，并且它们的标签ID要相同。

如利用FOR重复判断指令依次判断数值数据f的5个元素，将第一个数值等于3的元素的位置保存在数值数据g中。

参考程序如下：

```
proc Routine1()
for e from 1 to 5 do
    if f{e}=3 then
        g:=e;
        goto xx;
    endif
endfor
xx:
endproc
```

程序执行过程中，当数值数据的元素数值等于3时，将指示当前元素位置的数值数据e赋值给g后，然后通过跳转指令跳转到标签xx处提前结束循环，避免数值数据f中存在第2个元素数值等于3的情况下，数值数据g被重复赋值。

编写跳转程序的步骤如下：

步骤1 添加标签指令，如图8.24所示。

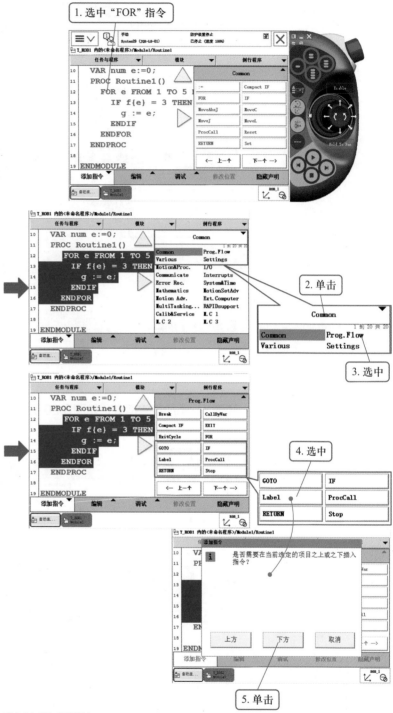

图8.24 添加标签指令

步骤2　设置标签参数，如图8.25所示。

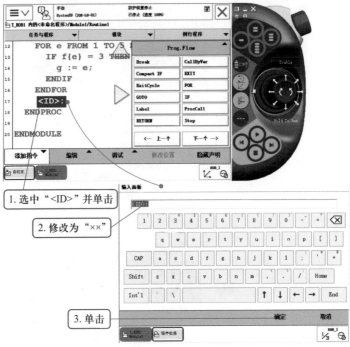

图8.25 设置标签参数

步骤3　添加跳转指令，如图8.26所示。

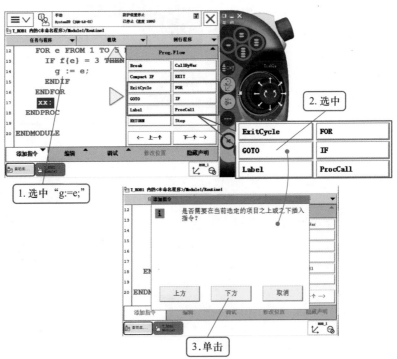

图8.26 添加跳转指令

步骤4　设置跳转参数，如图8.27所示。

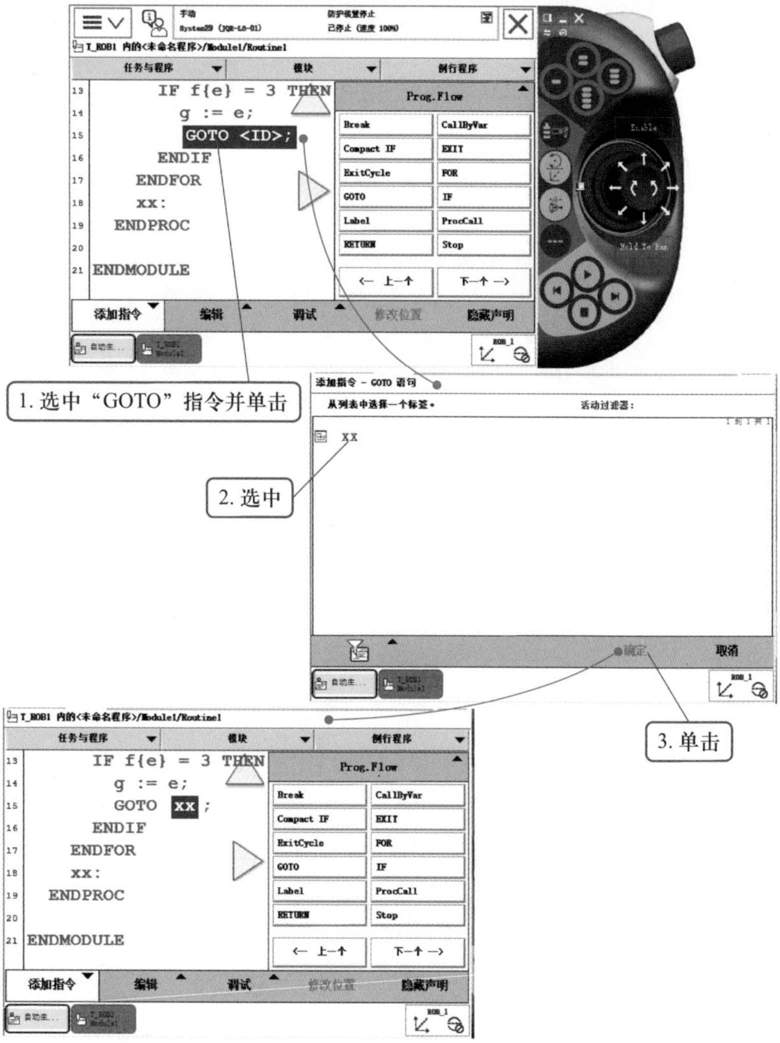

图8.27　设置跳转参数

1.　分析安装一块异形芯片到PCB的工作流程

　　工业机器人抓持吸盘工具，根据PCB A03产品CPU芯片的目标安装状态，从料架原料盘中吸取灰色CPU芯片，安装到PCB上。

　　在料架原料盘中寻找到灰色CPU芯片的思路是：利用重复判断指令结合条件判断指令依次对4块CPU芯片的颜色进行判断，当判断得到有CPU芯片为灰色时，就将其安装到PCB上，然后通过跳转指令和标签指令结束安装工作。寻找目标颜色的异形芯片的工作流程图如图8.28所示。

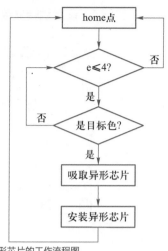

图8.28 寻找目标颜色的异形芯片的工作流程图

2. 配置工业机器人 I/O 信号

根据安装一块异形芯片到PCB的工作任务要求，工业机器人所需的I/O通信单元参数见表8.12。

表8.12 I/O通信单元参数

标准I/O板卡	Name	address
DSQC D652 24 VDC I/O Device	D652	10

根据安装一块异形芯片的工作任务要求，工业机器人所需的数字量输入信号见表8.13。

表8.13 数字量输入信号分配表

I/O板卡地址	信号名称（DI）	功能表述	对应关系	对应I/O
13	i13	视觉结果	CCD	OR
14	i14	视觉完成	CCD	GATE
15	i15	视觉运行	CCD	READY

根据安装一块异形芯片的工作任务要求，工业机器人所需的数字量输出信号见表8.14。

表8.14 数字量输出信号分配表

I/O板卡地址	信号名称（DO）	功能表述	对应关系	对应I/O
3	o3	破真空（单）	工具	—
7	o7	快换装置	工具	—
9	o9	吸真空（单）	工具	—
10	o10	允许拍照	CCD	STEP0
15	o15	场景确认	CCD	DI7

根据安装一块异形芯片的工作任务要求，工业机器人所需的数字量组输出信号见表8.15。

表8.15 数字量组输出信号分配表

I/O板卡地址	信号名称（GO）	功能表述	对应关系	对应I/O
11 ~ 14	go2	视觉	CCD	DI0 ~ DI3

图8.29 示教PCB异形芯片的安装位置

图8.30 安装检测工装单元的过渡点

根据表8.12 ~ 表8.15，配置工业机器人I/O信号单元以及控制信号。

3. 示教安装一块异形芯片到PCB的位置

根据安装一块异形芯片到PCB的工作任务要求，需要利用数组创建料架原料盘1 ~ 4号位置的位置数据，命名为"yl"。同时在安装检测工装单元的检测工位上安装PCB（A03产品）后，创建异形芯片安装位置的位置数据"pcb"。

为保证示教异形芯片位置的准确性，在示教5个异形芯片位置数据的过程中，需要始终保持吸盘工具和异形芯片之间的相对位置。图8.29所示为示教PCB异形芯片的安装位置。

在工业机器人运动到安装检测工装单元的PCB上方之前，为使过程比较流畅，可添加一个过渡点，命名为"gdp"，如图8.30所示。

4. 编写安装一块异形芯片到PCB的RAPID程序

（1）编写安装一块异形芯片到PCB的主程序

根据安装一块异形芯片到PCB的工作过程分析，得到参考程序如下：

```
proc main()
    zhuangxpgj;
    i:=0;
    for c from 1 to 4 do
        i:=i+1;
        quyxxp;
        sj;
        ys{i}:=i13;
        fangyxxp;
    endfor
    i:=0;
    for c from 1 to 4 do
        i:=i+1;
        if ys{i}=1 then           ！判断是否为目标色
            quyxxp;
            zhuangyxxp;           ！安装异形芯片到PCB
            goto xx;              ！跳出循环
        endif
    endfor
    xx:                          ！跳转标签
    chaixpgj;
endproc
```

（2）编写吸取和放回异形芯片的例行程序

根据吸取和放回异形芯片的工作过程分析，得到参考程序如下：

```
proc quyxxp()
    movel offs(yl{i},0,0,100),v1000,z50,tool0;
    movel offs(yl{i},0,0,20),v100,z50,tool0;
```

```
            movel yl{i},v20,fine,tool0;
            waittime 0.5;
            set o9;
            waittime 0.5;
            movel offs(yl{i},0,0,20),v20,fine,tool0;
            movel offs(yl{i},0,0,100),v100,z50,tool0;
    endproc
    proc fangyxxp()
            movel offs(yl{i},0,0,100),v1000,z50,tool0;
            movel offs(yl{i},0,0,20),v100,z50,tool0;
            movel yl{i},v20,fine,tool0;
            waittime 0.5;
            reset o9;
            set o3;
            waittime 0.5;
            movel offs(yl{i},0,0,20),v20,fine,tool0;
            reset o3;
            movel offs(yl{i},0,0,100),v100,z50,tool0;endproc
    proc zhuangyxxp()
            movel gdp,v1000,z50,tool0;
            movel offs(pcb,0,0,20),v100,z50,tool0;
            movel pcb,v20,fine,tool0;
            waittime 0.5;
            reset o9;
            set o3;
            waittime 0.5;
            movel offs(pcb,0,0,20),v20,fine,tool0;
            reset o3;
            movel gdp,v100,z50,tool0;
    endproc
```

5. 调试安装一块异形芯片到PCB的RAPID程序

完成程序的编辑之后，需要通过上机运行来验证结果的正确性，并将过程记录在表8.16中。

表8.16 安装一块异形芯片到PCB过程记录表

序号	安装调试内容	过程记录
1	接入主电源，检查正常后通电	□完成 □未完成
2	第1块异形芯片视觉检测且与检测结果相符	□完成 □未完成
3	第2块异形芯片视觉检测且与检测结果相符	□完成 □未完成
4	第3块异形芯片视觉检测且与检测结果相符	□完成 □未完成
5	第4块异形芯片视觉检测且与检测结果相符	□完成 □未完成
6	数值数据ys{1}与检测结果相符	□完成 □未完成
7	数值数据ys{2}与检测结果相符	□完成 □未完成
8	数值数据ys{3}与检测结果相符	□完成 □未完成
9	数值数据ys{4}与检测结果相符	□完成 □未完成
10	根据目标颜色将异形芯片安装到PCB	□完成 □未完成

任务评价

请将"安装一块异形芯片到PCB"的实训过程、实训收获及实训评价填入"实训评价表"。

项目总结

电子电路装配是工业机器人的典型应用之一。根据要求从料架原料盘中选取所需的异形芯片安装到PCB的指定位置，是电子电路装配中的关键环节。在本项目中，学习了"分拣一块异形芯片""检测多块异形芯片""安装一块异形芯片到PCB"3个任务。

在"分拣一块异形芯片"任务中，通过分析分拣一块异形芯片的工作流程、配置I/O信号、示教位置、编写和调试分拣一块异形芯片的RAPID程序等步骤，学会了控制工业机器人对一块异形芯片按颜色进行分拣。

在"检测多块异形芯片"任务中，通过分析检测多块异形芯片的工作流程、配置I/O信号、示教位置、编写和调试检测多块异形芯片的RAPID程序等步骤，学会了控制工业机器人对多块异形芯片进行视觉检测和颜色记录。

　　在"安装一块异形芯片到PCB"任务中，通过分析安装一块异形芯片到PCB的工作流程、配置I/O信号、示教位置、编写和调试安装一块异形芯片到PCB的RAPID程序等步骤，学会了控制工业机器人从料架原料盘中寻找所需的异形芯片，安装到PCB。

　　安装PCB思维导图如图8.31所示。

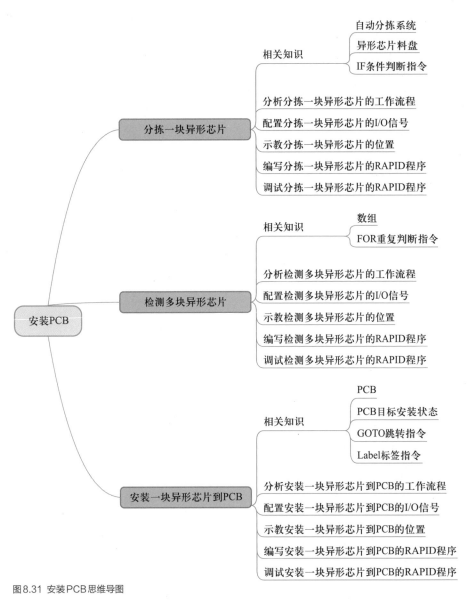

图8.31 安装PCB思维导图

思考与实践

1. 写出IF 条件判断指令的结构。

2. 什么是数组?

3. 写出FOR 重复判断指令的结构。

4. 写出数组 xx{3,2} 中的每一个元素。

5. 什么是 Label 标签指令?

附录

附录 1 实训评价表

任务								
班级		姓名			学号		日期	
实训过程	任务实施							
	设备使用							
	职业素养							
	团队协作							
实训收获								
实训体会								
实训评价	评定人	评　　语				等级	签名	
	自己评							
	同学评							
	教师评							
	综合评定等级							
开始时间		结束时间			实际时间			

附录 2 学生工作页1　矩形轨迹模拟涂胶

任务目标

- 会分析矩形轨迹模拟涂胶的工作流程。
- 会设置矩形轨迹模拟涂胶的轨迹参数。
- 会编写和调试矩形轨迹模拟涂胶的RAPID程序。

任务描述

中秋将至，喜临门包装厂需要设计制造一批矩形的月饼礼盒，加工时需在礼盒边框区域涂上胶水，涂胶轨迹如附图1所示的外围实线部分，即构成一个封闭的矩形。

附图1 矩形轨迹示意图

涂胶要求：

1. 涂胶轨迹的工艺起点和结束点都是home点，home点6个关节轴中，第5关节轴设定为90°，其余均为0°。

2. 涂胶轨迹的移动速度设定为100mm/s，其余轨迹移动速度设定为500mm/s。

3. 矩形轨迹的起点和结束点均为P10，涂胶方向为逆时针方向。

完成矩形轨迹模拟涂胶的编程，在RobotStudio仿真软件中验证，并在工业机器人工作站中调试。

任务实施

1. **绘制矩形轨迹模拟涂胶的工作流程图**

分析矩形轨迹的涂胶过程，绘制工作流程图。

2. 分析矩形轨迹的涂胶轨迹段

分析矩形轨迹模拟涂胶的各个轨迹段，完成附表1。

附表1 矩形轨迹模拟涂胶轨迹段分析表

序号	轨迹段	轨迹形状	运动指令
1	A—B	直线	
2			
3			
4	D—A		

3. 填写矩形轨迹模拟涂胶轨迹表

合理选用运动指令，并对其参数进行设置，完成附表2。

附表2 矩形轨迹模拟涂胶轨迹表

序号	运动指令	位置/关节数据	速度数据	转角区域数据	工具数据
1					tool0
2					tool0
3					tool0
4					tool0
5					tool0
6					tool0

4. 编写矩形轨迹模拟涂胶程序

proc main（ ）

MoveAbsJ home\NoEOffs, v200, fine, tool0;

_____

MoveL P20, v20, fine,tool0;

MoveL P30, v20, fine,tool0;

_____

_____

_____

endproc

5. 调试矩形轨迹模拟涂胶程序

先在RobotStudio仿真软件中验证,然后在工业机器人工作站中上机调试运行,同时将结果记录在附表3中。

附表3 矩形轨迹模拟涂胶程序调试记录表

	工业机器人从home点出发	□完成　□未完成
	A—B段轨迹涂胶	□完成　□未完成
调试程序	B—C段轨迹涂胶	□完成　□未完成
	C—D段轨迹涂胶	□完成　□未完成
	D—A段轨迹涂胶	□完成　□未完成
	工业机器人回到home点	□完成　□未完成

任务评价

1. 请你总结归纳本次任务的知识要点,并记录任务实施过程中的问题、收获与体会。

2. 根据任务完成情况,完成附表4 矩形轨迹模拟涂胶的编程与调试实训评价表。

附表4 矩形轨迹模拟涂胶的编程与调试实训评价表

序号	内容	配分	评分细则	得分
1	绘制工作流程图	5分	工作流程图绘制错误,每处扣2分	
2	分析涂胶轨迹段	5分	轨迹段分析错误,每处扣1分	
3	填写轨迹表	10分	运动指令参数设置错误,每处扣1分	
			示教点位标记错误,每处扣1分	
4	编写程序	10分	程序编写错误,每处扣2分	

序号	内容	配分	评分细则	得分
5	仿真验证	30分	轨迹起点和终点错误，每处扣1分	
			轨迹段错误，每处扣2分	
			轨迹速度错误，每处扣2分	
			轨迹方向设置错误，扣5分	
			涂胶工具不垂直，扣2分	
			停机（3次结束评分），每次扣5分	
6	调试工作站	30分	轨迹起点和终点错误，每处扣1分	
			轨迹段错误，每处扣2分	
			轨迹速度错误，每处扣2分	
			轨迹方向设置错误，扣5分	
			涂胶工具不垂直，扣5分	
			停机（3次结束评分），每次扣2分	
7	安全文明生产	10分	未穿工作服和绝缘鞋，扣5分（10分扣完为止）	
			未戴安全帽，扣5分（10分扣完为止）	
			工位未整理，扣5分（10分扣完为止）	
			违规操作，扣10分（10分扣完为止）	
总分				

任务拓展 ➤

若将本任务程序中的MoveL改成MoveJ，涂胶轨迹与原来的轨迹有什么区别？先在RobotStudio仿真软件中验证，然后在工业机器人工作站中上机调试运行，并在下方对其轨迹进行绘制。

附录 3   学生工作页2   平台物料搬运

任务目标

- 会分析平台物料搬运的工作流程。
- 会示教物料位置。
- 会编写和调试搬运物料的RAPID程序。

任务描述

平台物料搬运

丰盛食品有限公司需要生产一批食品，入库时需控制工业机器人抓持双吸盘工具，将码垛平台B中B1位置的物料搬运到B3位置，如附图2所示。

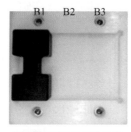 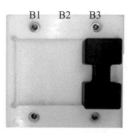

(a) 搬运前B1位置的物料   (b) 搬运后B3位置的物料

附图2 平台物料搬运位置

搬运要求：

1. 物料搬运的起点和结束点都是home点，往返速度均为1000mm/s。

2. 在B1位置和B3位置的正上方30mm处各设置一个接近点，在正上方100mm处各设置一个过渡点，吸放物料过程中需经过接近点和过渡点，往返速度均为100mm/s。

3. 在B1位置吸取物料前后分别等待时间0.5s；在B3位置放下物料前后也分别等待时间0.5s，往返速度均为20mm/s。

完成平台物料搬运的编程，在RobotStudio仿真软件中验证，并在工业机器人工作站中调试。

任务实施

1. 分析平台物料搬运的工作过程

分析平台物料搬运的工作过程，并补充完整工作流程图，如附图3所示。

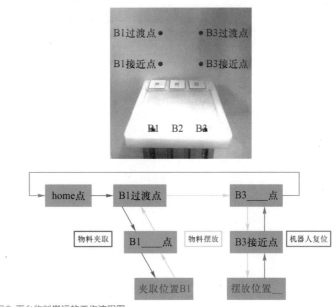

附图3 平台物料搬运的工作流程图

2. 填写工业机器人 I/O 信号分配表

根据平台物料搬运的工作过程，填写附表5。

附表5 数字量输出信号分配表

I/O板卡地址	信号名称	功能表述
		码垛双吸盘
		快换装置

3. 填写物料的位置信息表

根据平台物料搬运的工作过程，填写附表6物料的位置信息表。

附表6 物料的位置信息表

目标位置	名称
码垛平台B的B1位置	
码垛平台B的B3位置	

4. 编写平台物料搬运程序

```
proc main（）




















    endproc
```

5. 调试平台物料搬运程序

完成程序的编写之后，需要在工业机器人工作站中上机运行来验证结果的正确性，并将结果记录在附表 7 中。

附表 7　平台物料搬运程序调试记录表

调试程序	工业机器人从 home 点出发	□完成　□未完成
	夹取码垛平台 B1 位置的物料	□完成　□未完成
	摆放物料到码垛平台 B2 位置	□完成　□未完成
	工业机器人回到 home 点	□完成　□未完成

任务评价

1. 请你总结归纳本次任务的知识要点，并记录任务实施过程中的问题、收获与体会。

2. 请你根据任务完成情况，完成附表8平台物料搬运的编程与调试实训评价表。

附表8 平台物料搬运的编程与调试实训评价表

序号	内容	配分	评分细则	得分
1	I/O信号	15分	数字量输出信号设置错误，每处扣5分	
2	位置数据	15分	物料位置数据创建错误，每处扣5分	
			物料位置示教错误，每处扣5分	
3	编写程序	10分	程序编写错误，每处扣5分	
4	调试程序	50分	起始点和结束点错误，每处扣5分	
			B1位置物料未吸取，扣10分	
			运动路径参数设置错误，每处扣2分	
			B3位置物料未摆放或摆放不准确，扣10分	
			等待时间未设置，每处扣5分	
5	安全文明生产	10分	未穿工作服和绝缘鞋，扣5分（10分扣完为止）	
			未戴安全帽，扣5分（10分扣完为止）	
			工位未整理，扣5分（10分扣完为止）	
			违规操作，扣10分（10分扣完为止）	
总分				

任务拓展

若控制工业机器人抓持夹爪工具，将码垛斜台A上的物料搬运到码垛平台B上，如附图4所示。请你完成工作任务流程图的绘制。

码垛斜台A　　　　　　　　　　　　　　　　　　码垛平台B

(a) 搬运前斜台A位置的物料　　　　　　　(b) 搬运后平台B位置的物料

附图4 斜台物料搬运位置

参考文献

[1] 张春芝，钟柱培，许妍妩. 工业机器人操作与编程 [M]. 北京：高等教育出版社，2018.

[2] 蒋正炎，许妍妩，莫剑中. 工业机器人视觉技术及行业应用 [M]. 北京：高等教育出版社，2018.

[3] 叶晖等. 工业机器人实操与应用技巧 [M]. 2版 . 北京：机械工业出版社，2017.

[4] 青岛英谷教育科技股份有限公司，吉林农业科技学院. 工业机器人集成应用 [M]. 西安：西安电子科技大学出版社，2019.

[5] 龚仲华，龚晓雯. ABB 工业机器人编程全集 [M]. 北京：人民邮电出版社，2018.

[6] 上海 ABB 工程有限公司. ABB 工业机器人实用配置指南 [M]. 北京：电子工业出版社，2019.

[7] 钟志诚，金鑫. 工业机器人仿真应用教程 [M]. 重庆：重庆大学出版社，2017.

[8] 中国电子学会. 机器人简史 [M]. 2版 . 北京：电子工业出版社，2017.

郑重声明

防伪查询说明

用户购书后刮开封底防伪涂层，利用手机微信等软件扫描二维码，会跳转至防伪查询网页，获得所购图书详细信息。也可将防伪二维码下的20位密码按从左到右、从上到下的顺序发送短信至106695881280，免费查询所购图书真伪。

反盗版短信举报

编辑短信"JB，图书名称，出版社，购买地点"发送至10669588128

防伪客服电话

（010）58582300

学习卡账号使用说明

一、注册/登录

访问http://abook.hep.com.cn/sve，点击"注册"，在注册页面输入用户名、密码及常用的邮箱进行注册。已注册的用户直接输入用户名和密码登录即可进入"我的课程"页面。

二、课程绑定

点击"我的课程"页面右上方"绑定课程"，正确输入教材封底防伪标签上的20位密码，点击"确定"完成课程绑定。

三、访问课程

在"正在学习"列表中选择已绑定的课程，点击"进入课程"即可浏览或下载与本书配套的课程资源。刚绑定的课程请在"申请学习"列表中选择相应课程并点击"进入课程"。

如有账号问题，请发邮件至：4a_admin_zz@pub.hep.cn。